わかる！使える！

油圧入門

渋谷文昭［著］
Shibuya Fumiaki

日刊工業新聞社

【はじめに】

　最近は第4次産業革命期と言われ、IoTに代表される情報化社会へと大きく変革しようとしています。しかし、あらゆる機械を動かすモーションコントロールの基幹技術は、電動式および流体による駆動方式であるフルードパワーがこれからも主役であることに変わりはないと言えます。

　本書はフルードパワーのうち、大出力を得意とする油圧の入門書です。油圧の基本を丁寧に説明し、あらゆる分野に油圧が応用できるように留意しました。

　第1章は油圧入門ということで、油圧の全般にわたり、最低限必要な知識を載せています。特に、油の流れは、簡単な数式を用いて、実務で流体エネルギーを活用できるようにしました。

　第2章は油圧化において避けては通れない重要なポイントとなる省エネルギー化、低騒音化、作動油の清浄化および油漏れ防止を取り上げ、最後に油圧に関連する法規を載せました。初心者にも全貌がわかり、現象を理解することによって具体的な改善ができるように留意しました。

　第3章は油圧化する手順について、プレス機械を例に説明しました。機械仕様の把握から始まり、ポンプを選定し、油圧回路を決定するまでの方法を詳しく解説しました。この手順の中で、圧力・流量のサイクル線図を作成すること、また、油圧回路の動作シーケンス図を作成することは、適切な圧力制御と速度制御を決定するのに役立つことを示しました。

　本書が、油圧への取り組みのきっかけになり、フルードパワーを支える人が一人でもいれば、著者の望外の喜びです。

　最後になりましたが、出版に当たり、大変ご配慮くださいました日刊工業新聞社の土坂裕子氏をはじめ関係者の方々に深く感謝いたします。

2018年11月　　　　　　　　　　　　　　　　　　　　　　渋谷 文昭

わかる！使える！油圧入門

目　次

【第1章】
これだけは知っておきたい
油圧の基礎知識

1　油圧の特徴

- 油圧の基本原理・**8**
- 油圧装置の基本構成・**10**
- 油圧装置の長所・**12**
- 油圧装置の短所・**14**

2　作動油

- 作動油の役割・**16**
- 作動油の種類と特性・**18**
- 作動油の選び方・**20**
- 作動油の保守管理・**22**

3　流れの法則

- 圧力と流量・流速・**24**
- 動力とベルヌーイの定理・**26**
- 層流・乱流と管路の圧力損失・**28**
- 隙間流れとオリフィス・チョーク流れ・**30**

4　油圧機器の構造と特性

- 油圧ポンプ・**32**
- 圧力制御弁①　リリーフ弁と減圧弁・**34**
- 圧力制御弁②　スプールタイプの直動形圧力調整弁、その他・**36**
- 流量制御弁・**38**
- 方向制御弁①　方向制御弁の分類とスプールの種類・**40**
- 方向制御弁②　使用上の注意点・**42**

- アクチュエータ・44

5　図記号と回路図

- 図記号・46
- 油圧回路図・48

6　油圧基本回路

- 基本回路の分類・50
- アンロード回路・52
- 圧力制御回路・54
- 速度制御回路①　流量調整弁によるメータイン、メータアウト、ブリードオフ制御回路・56
- 速度制御回路②　差動回路と同期回路・58
- ロッキング回路、閉回路・60

【第2章】
これだけは知っておきたい
油圧化の段取り

1　省エネルギー化

- 制御方式による動力損失の比較・64
- 油圧機器の動力損失・66
- 流量マッチ制御と圧力マッチ制御・68
- ロードセンシング制御と電気ダイレクト制御・70
- アキュムレータによる圧力保持・72
- 回転速度制御および省エネルギー性の比較・74

2　低騒音化

- 音の特性と騒音レベル・76
- 油圧装置の騒音レベル・78
- 油圧装置の低騒音化対策・80
- 低騒音化対策①　防振ゴム・82
- 低騒音化対策②　サイドブランチ・84
- 低騒音化対策③　キャビテーション防止・86

3 作動油の清浄化

- 油圧装置の汚染物質（コンタミナント）・88
- 作動油の清浄度管理・90
- 油タンクのコンタミ管理の実施例・92
- 配管およびマニホールドブロックのコンタミ管理の実施例・94
- 油圧装置の運転中に発生するコンタミ管理・96

4 油漏れ防止

- シールの基本・98
- Oリング・100
- オイルシール・102
- 継　手・104
- 油漏れ防止のセットアップ方法・106
- 油漏れ防止の配管施工・108

5 法規

- 消防法・110
- 高圧ガス保安法・112
- 防爆指針①　防爆対策の考え方と爆発性ガスの分類・114
- 防爆指針②　防爆電気機器の選び方・116

【第3章】
これだけは知っておきたい
油圧化の実際

1 油圧化の手順

- 油圧システムの設計手順・120
- 直線運動の負荷解析・122
- 油圧シリンダの選定・124
- 回転運動の負荷解析・126
- 油圧モータの選定・128
- サイクル線図の作成・130
- 圧力制御方法の検討・132

- 速度制御方法の検討・**134**

2　油圧ポンプの選定

- シリンダの圧力－流量サイクル線図の作成・**136**
- ポンプ制御方式の検討・**138**
- ベーンポンプの選定・**140**
- ピストンポンプの選定・**142**
- 油圧回路作成・**144**

3　その他機器の選定

- 電動機の選定・**146**
- オイルクーラの選定・**148**
- フィルタの選定・**150**
- 圧力制御弁の選定と設定①・**152**
- 圧力制御弁の選定②・**154**
- 方向制御弁の選定①　チェック弁、パイロットチェック弁・**156**
- 方向制御弁の選定②　電磁弁・**158**
- カートリッジ弁の選定①　動作原理と特徴・**160**
- カートリッジ弁の選定②　方向制御の基本回路および複合回路・**162**

4　油圧回路設計のポイント

- 油圧化のまとめ・**164**
- 計算式一覧・**166**

コラム

- ロールギャップ調整装置・**62**
- ターフパーホレータ・**118**
- 塗装ロボット・**170**

- 参考文献・**171**
- 索　引・**172**

【第1章】

これだけは知っておきたい
油圧の基礎知識

1 油圧の特徴

油圧の基本原理

　油圧は建設機械の油圧ショベルの走行やアーム駆動、自動車のブレーキやハンドル操作、船舶の操舵機や荷役機械、飛行機の翼の揚力制御、その他プラスチック、鉄やアルミニウム合金などの加工機械などの多くのところで使われています。

　どの装置も形状を自由に変えられる液体を移動させることによって動力を伝達しています。この液体による動力伝達システムを一般に「油圧装置」、「油圧システム」や単に「油圧」と呼んだりしています。また、油圧は他の液圧機械に比べて使用圧力が高いために、液体は専用の「作動油」と呼ばれるものを使用しています。

　密閉した容器の中の液体に一定の力を加えると、液体は非圧縮性なので、体積は減らず圧力が発生します。しかも、「この圧力はどの方向にも等しく、かつ容器の各面に垂直に作用する」というもので、これは「パスカルの原理」と呼ばれています（図1-1）。

　このパスカルの原理を応用した連通管の例を図1-2に示します。連通管の両開口部の断面積の比率を1対50とした場合には、小ピストンに質量2kgのおもりを載せると、大ピストンには質量100kgのおもりを載せて釣り合います。これはパスカルの原理によって、小ピストンにも大ピストンにも同じ圧力が発生するために、大ピストンにはこのピストンの面積比に比例した大きさの力が得られるためです。

　これを一般式で表すと次のようになります。発生する圧力はどの面も同じ大きさですから

$$P(\text{N/cm}^2) = \frac{W_1(\text{kg}) \times g(\text{m/s}^2)}{A(\text{cm}^2)} = \frac{W_2(\text{kg}) \times g(\text{m/s}^2)}{B(\text{cm}^2)} = \frac{F_1(\text{N})}{A} = \frac{F_2(\text{N})}{B}$$

より　　$F_2 = \dfrac{B}{A} \times F_1$

ピストンの面積比に比例した力が得られます。
ここに　P：発生する圧力の大きさ
　　　　W_1：断面積 A のピストンAに作用するおもりの質量

W_2：断面積BのピストンBに作用するおもりの質量
F_1：ピストンAに作用する力の大きさ
F_2：ピストンBに作用する力の大きさ
g：重力加速度

　これはてこの原理と同じように、液体によっても力を増大できることを示しています。この液体による力の増大が「油圧」の基本原理です。
　ただし、当然ですが、力は増大できますが、仕事量は変わりません。
　図1-2の例ではピストンAを50 cm押し下げるとピストンBは1 cm持ち上がります。流体は密閉された中を移動するので、ピストンAが押しのけた流体の容積とピストンBを持ち上げるのに要した液体の容積は同じになるからです。
　したがって、力の大きさと移動距離を掛け合わせた仕事量は同じになります。

図 1-1 │ 密閉した容器内の液体に作用する力（パスカルの原理）

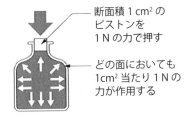

図 1-2 │ 圧力の利用例（液体による力の拡大）

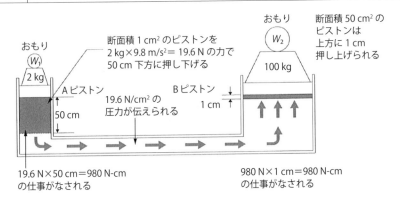

要点ノート

油圧とは密閉された中の液体を移動させることによって動力を伝達する制御システムです。パスカルの原理を応用し、液体による力の増大を利用しています。

1 油圧の特徴

油圧装置の基本構成

　油圧装置は動力を伝達する手段の1つですが、連続的に流体（以下、作動油と呼びます）を供給することによって、力の大きさおよび速度、力の向きを制御しています。
　油圧装置の基本構成は、一般に**図1-3**に示すように、油圧ポンプ、油圧制御弁、アクチュエータ、油タンクおよび配管・アクセサリの5つに分類しています。

❶油圧ポンプ
　油圧ポンプは動力源（エンジン、電動機、人力など）の機械的エネルギーを流体エネルギーに変換し、連続的に作動油を供給するもので、最も重要な機器と言えます。

❷油圧制御弁
　油圧制御弁は作動油の圧力の大きさ、流れの量や向きを制御して対象機械の動作をコントロールするものです。一般に圧力制御弁、流量制御弁および方向制御弁の3つに分類しています。

❸アクチュエータ
　アクチュエータは流体エネルギーを機械的エネルギーに変換するもので、直線運動を行うシリンダ、回転運動を行う油圧モータおよび回転運動の角度が制限される揺動形アクチュエータの3つに分類しています。

❹油タンク
　油タンクの主な役割は油圧装置に必要な作動油を貯蔵することですが、この他に下記があります。
(1)外部から侵入したほこり、水分などの沈殿
(2)油中に発生した気泡の放出
　なお、気泡はポンプ騒音大の原因や応答性の悪化、振動発生の原因など油圧にとって好ましくないものです。
(3)運転中に発生した摩耗粉や作動油の劣化物の沈殿
(4)油圧装置の放熱
　なお、油タンクについてはJIS B8361で設計、構造に関して規定しています。

❺配管およびアクセサリ

　配管は機器と機器を接続する油圧装置の重要な構成部品で、作動油の外部への漏れを防止し、管路内の圧力損失を小さくすることが重要です。

　アクセサリは一般に圧力計、温度計、油面計などの計測器や油クーラなどの温調機器、作動油の汚染物質を除去するフィルタ、圧力エネルギーの貯蔵器であるアキュムレータなどが含まれ、これらを総称した呼び名です。

　図1-4は油圧装置内の油の流れの例を示しています。油圧ポンプは作動油を連続的に吐き出し、リリーフ弁は余剰流量を油タンクへ戻すことによって油圧ポンプの吐出圧力をコントロールしています。

　方向切換え弁は流れの向きを変え、流量調整弁はシリンダへ供給する流量をコントロールしています。このように油圧装置は、油圧ポンプが吐き出した作動油の圧力と流量を変えることによってアクチュエータの出力をコントロールしています。

図1-3 油圧装置の基本構成

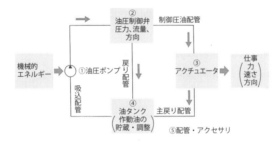

図1-4 油圧装置内の油の流れ

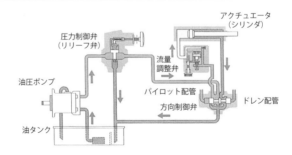

要点 ノート

油圧装置（油圧）の基本構成は、一般に油圧ポンプ、油圧制御弁、アクチュエータ、油タンク、配管およびアクセサリの5つに分類しています。

1 油圧の特徴

油圧装置の長所

　油圧装置は作動油の移動により動力を伝達するシステムであり、一般に次の長所が挙げられます（**図1-5**）。

❶小形で出力が大きい

　油圧装置は圧力を上げるだけで推力が拡大するので、高圧にすることによって小形化が達成できます。このため基本的に油圧は高圧化を指向しています。

　質量当たりの出力で比較すると、現状の油圧モータは電動式モータの約10倍になります。

❷長寿命

　油圧機器は内部のしゅう動部分を作動油で潤滑しており長寿命が可能で、保守が容易になります。

❸微小な電気信号による制御が可能で、自動化が容易

　油圧機器はパイロット制御部の受圧面積を小さくできるため、比例ソレノイドなどの電磁アクチュエータの微小な電気信号によって圧力、流量および方向を任意に制御できます。

　　比例ソレノイド⇒リリーフ弁、減圧弁、流量調整弁、可変ポンプの圧力・流
　　　　　　　　　　量の制御など

　　トルクモータ⇒電磁式方向流量制御弁、サーボ弁など

　　パルスモータ⇒リリーフ弁、減圧弁、流量調整弁など

❹レイアウトの自由度が高い

　油圧装置はアクチュエータを独立して配置し、制御部分とは配管で接続できるため、配置の自由度は高くなります。

　設置スペースが狭いところや危険な場所などでは、アクチュエータのみを配置し、その他の構成機器は操作しやすい場所や安全な場所に配置することができます。

❺過負荷による危険防止が容易

　油圧装置は安全弁（リリーフ弁で、この場合には電気のヒューズのような役割をするバルブ）を設けることによって、外部から予期しない過大な衝撃を受けても油圧装置内に発生する圧力を抑えられ、容易に危険を避けることができ

ます。
　また、参考に、流体による制御システムの油圧、水圧および空気圧の特性を**表1-1**に示します。油圧は他の液圧システムと比べて密度と粘度が高いのが特徴で、油圧の長所を引き出しています。

図 1-5　自動化・省力化における油圧のメリット

動力源が離れていても連結が容易

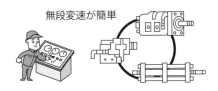

無段変速が簡単

表 1-1　制御システムの比較

	作動圧力 (MPa)	操作力 (t)	操作速度 (m/s)	長所	短所	密度 (kg/m³)	粘度 (mm²/s)
油圧システム	建設機械　35 産業機械　21 工作機械　7	~30000	1	パワー大 長寿命	コンタミ・油温管理を要する。油漏れによる環境汚染	860	22～68
水圧システム	半導体　14 食品　2	~100	1	クリーン	さび対策・低粘度対策を要する。コスト高	1000	1
空気圧システム	0.4～0.5	~1	10	パワー小 自動化容易 高速	高圧が不可。しゅう動部の摩耗防止に留意	1.2	0.02

> **要点　ノート**
>
> 油圧の長所は、高圧にすることによって小形でも大出力が出せ、微小な電気信号によってこの出力を制御できるところにあります。また長寿命で油圧装置のレイアウトの自由度が高く、過負荷による危険防止が容易な点にあります。

1 油圧の特徴

油圧装置の短所

油圧装置は液圧システムのメリットを持つ反面、次のような短所があります。

❶流体の動力損失（図1-6）
　油圧は機械的動力（エネルギー）を一度流体動力に変換し、再度機械的動力に戻しています。またこの間、油圧ポンプは連続して回転しています。このため、消費エネルギーの面では機械式に劣るところがありました。しかし、最近の油圧装置は、必要な時だけに作動油を吐出する回転速度制御システムが採用され、回路効率は大きく改善されています。

❷低騒音化
　油圧装置で騒音が問題になりやすいのは、油圧ポンプからの振動が機械本体に伝わり騒音が増幅されることです。
　油圧機器の騒音特性を把握することによって油圧装置の発生騒音について事前に予測して、対策を講じることで安全な騒音レベルの達成は可能です。

❸目に見えない汚染物質による油圧機器の機能不良（図1-7）
　油圧機器内部のしゅう動隙間は作動油の内部漏れを抑えるために約10～25μmのものが多くあります。一方、髪の毛の太さの約60μmより小さい作動油中の汚染物質は目に見えず、管理が難しいのも事実です。

図1-6　油圧装置の動力損失の様子

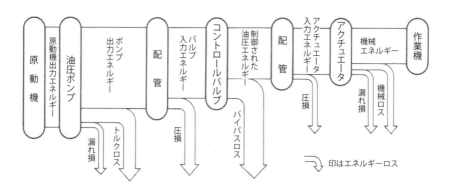

油圧機器はこの汚染物質（コンタミナントとも言います）の影響を強く受け隙間より小さい汚染物質は内部漏れ量を増大させ、ほぼ等しい大きさの汚染物質は焼き付き・かじりの原因となりやすくなります。

しかし、正しいフィルトレーションをすることによって、油圧の持つ長寿命の特性を生かすことができます。

❹油漏れ

1分間に1滴の漏れ量は1年間で約26Lにも達します。この量の油は周辺をぬらし、すべりやすいため事故になりやすく、また、環境の汚染にもなり嫌われます。

油圧装置は配管部分も含めて全体が作動油を密封する圧力容器と言えます。ポンプ軸のシール部分、シリンダロッドのシール部分、配管の接続部分や開口部の封印個所など外部漏れを防ぐシール個所は大変多くあります。

油漏れの要因はシールする個所の表面粗さ、硬度、形状、シール材質の種類、シール材のつぶし量、締め付けトルク、周囲の振動の有無、温度変化、ほこりの有無など非常に多岐にわたります。

図 1-7 作動油の汚染管理

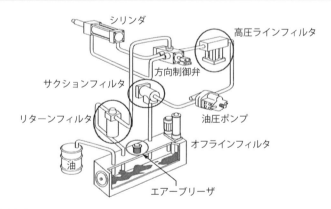

要点 ノート

油圧の短所は、動力損失が大きく、運転音が大きくなりやすい、目に見えない細かな汚染物質から損傷を受けやすく、油漏れがあることと言えます。しかし、これらは大きく改善することができます。

2 作動油

作動油の役割

　油圧装置は液体を媒体として動力を伝達していますが、この液体のことを一般に「作動油」と呼んでいます。
　作動油の主要な役割（**図1-8**）は次の4つで、作動油の特性が油圧装置に大きく影響します。

❶油動力の伝達
　油圧装置の動力伝達は、歯車やベルトの代わりに自由に形状を変えることのできる液体である作動油で行っています。
　図1-8に示すように、ポンプで吸った油を方向切換え弁で油路を変えながらシリンダに送り仕事をしています。
　したがって、作動油は制御弁の内部や管路の中を流れやすいことが重要です。この流れの抵抗が大きいと動力損失も大きくなります。
　また、作動油は可能な限り非圧縮性でなければいけません。圧縮が大きいと、力の伝達が遅くなります。したがって大出力を特徴とする油圧は、アクチュエータの動きを遅くさせないためにこの作動油の非圧縮性が重要です。

❷油圧機器のしゅう動部分の潤滑
　しゅう動する油圧機器の各部品は、全て作動油の油膜で潤滑する構造であり、作動油自身の潤滑性に大きく影響を受けます。
　例えば図1-8のベーンポンプのベーンは、遠心力と吐出圧力によってカムリングに押し付けられていますが、ベーンの摩耗を抑えているのは作動油による油膜潤滑です。リリーフ弁のピストンはボディとの間に狭い環状隙間を設けて上下に作動させる構造で、同じように作動油の油膜で潤滑しています。
　作動油の潤滑性評価は、一般にポンプの摩耗試験によっています。

❸油圧機器のしゅう動部分からの漏れ防止
　油圧機器のしゅう動部分には一般にシール・パッキンは使いません。例えば図1-8の方向制御弁はボディとスプールによって油路を切り換えるものですが、スプールは薄い油膜の上をすべる構造です。したがって、高圧側の油路から低圧側の油路には作動油の漏れが生じます。
　この漏れ量はP.30の式(*1-8*)で示すように、ボディとスプールとの隙間の大

きさおよび作動油の粘度で決まります。この漏れ量を抑えているのは作動油の粘性によっています。

❹油圧機器の冷却

　油圧機器のしゅう動部分のクリアランスは、ミクロンオーダの非常に小さなものです。

　しかし、油圧装置では油圧機器のしゅう動部分や管路内の作動油の粘性抵抗、その他リリーフ弁から余剰な圧力油がタンクに戻される際に生じる動力損失などは発熱となり、油圧機器の温度を上昇させます。このことから、しゅう動部分は熱膨張し焼き付き・かじりなどの不具合が生じやすくなります。

　この不具合を防止するために油圧機器の温度を適正な範囲に制御する効果的な方法は、油圧回路内を作動油で循環させながら冷却する方法です。図1-8のように、一般には戻りラインにクーラを設けて冷却します。

図 1-8 作動油の主要な役割

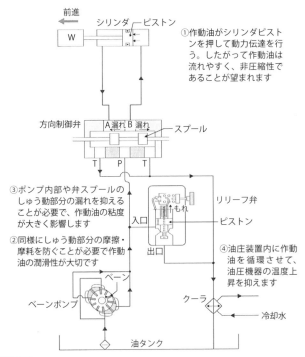

要点 ノート

油圧装置の作動油には、動力伝達、油圧機器の潤滑、油圧機器の内部漏れの防止および油圧機器の冷却の4つの役割があります。

2 作動油

作動油の種類と特性

　作動油は非常に多くの種類がありますが、一般的には図1-9のように分類し、大きくは石油系作動油と難燃性作動油の2つに分けられます。
　潤滑性の良さとコストが低いことから、現状は石油系作動油の使用が大半を占めています。
　石油系作動油は、油の酸化劣化を抑制するために添加剤の改善が繰り返し行われてきました。
　作動油の劣化は、油の酸化現象であり、空気中の酸素、温度、湿気により進行し、銅、鉄、鉛およびこれらの酸化物が触媒となり、酸化現象を促進します。
　劣化が進むと、油は黒く変色し、粘度が増加し、酸化重合物は不溶性のスラッジとして析出してきます。
　このスラッジは制御弁の制御不良、フィルタの目詰まり、軸受材料などの腐食を起こす原因となり、油圧装置の大きな問題となります。したがって、油圧装置を上手に使うには作動油の性状を維持する管理が大切になります。
　また、石油系作動油は燃焼性があるために、火災を引き起こす危険があります。特に、シールの破損やゴムホースのバーストなどにより高圧の作動油が霧状になって噴出すると、火災の危険が高まります。
　この火災の危険を避けるために難燃性の作動油があります。「難燃性作動油とは、火災の危険を最小限に抑える燃えにくい作動油」と定義されたもので、含水系と合成系の2つがあります。

図1-9 作動油の分類

一般的な作動油の分類

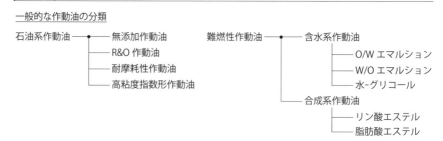

石油系作動油と難燃性作動油の特徴を比較したものを**表1-2**に示します。石油系作動油は、潤滑性、金属・シール材および塗料との適合性、コストなどの点でも優れていますが、唯一、燃焼しやすい欠点があります。

消防法では、引火点が200℃以上250℃未満のものを危険物（第4類第4石油類）に指定し、消防法の適用を義務付けています。

石油系作動油では、一般にVG46は引火点が242℃で危険物に該当し、VG68は引火点が258℃で非危険物として扱われます。

なお、引火点とは、JIS B0142（用語）では指定された条件の下で作動油を徐々に加熱した場合に、発生する可燃性ガスが着火源によって引火する最低温度を言います。

難燃性作動油の水-グリコールは、どんなに高温にしても引火することはなく非危険物です。また、合成系のリン酸エステルおよび脂肪酸エステルの引火点は250℃以上で非危険物として扱われます。

ただし、難燃性作動油は一般に金属材料・シール材および塗料との適合性、消泡性などの特性が劣り、使用に当たっては注意が必要です。また、脂肪酸エステルは一般に生分解性に優れています。

表 1-2　作動油の特徴の比較

	水-グリコール	脂肪酸エステル	リン酸エステル	W/Oエマルション	石油系作動油
耐摩耗性	△	○	○	×	○
安定性	△	○	○	×	○
シール適合性	△	○	△～○	△	○
塗料適合性	×	△～○	×	×	○
消泡性	×	△～○	△～○	×	○
消防法	非危険物	非危険物	非危険物	非危険物	危険物
難燃性	○	△	△	△	×
廃液処理	×	○	×	△	○
応用例	ダイカストマシン 溶解炉 加熱炉 など	水門 ダイカストマシン 建設機械 など	連鋳設備 圧延設備 航空機 など	低圧潤滑 など	火気の危険性のある所、火気厳禁を除くあらゆるもの

要点　ノート

石油系作動油はあらゆる性能およびコストで優れているため、多くの市場で使われています。唯一、火災の危険性があるのが欠点です。難燃性作動油は金属やシール材などとの適合性に問題があるので使用に当たっては注意が必要です。

【2】作動油

作動油の選び方

　作動油の選定における一般的な基準を**表1-3**に示します。最初に耐火性の必要性から難燃性作動油にするかどうかを決めます。難燃性の場合にはポンプ仕様（最高使用圧力、最高回転速度、吸込圧力など）、材料（金属・シール・塗料など）との適合性などの制限があり、十分な検討が必要です。

　なお、石油系作動油の場合には、一般に耐摩耗性作動油が推奨されています。

　油圧ポンプには、運転時および起動時における作動油の粘度の制限があります。各ポンプメーカーで若干の違いはありますが、一例を**表1-4**に示します。

　なお、粘度には絶対粘度：単位はパスカル・秒（Pa・s）および工業的に用いる動粘度（単位はmm^2/s）の2つがあります。一般に、油圧では動粘度を用いています。

　粘度グレードとは、JIS K2001（工業用潤滑油-ISO粘度分類）で定めた作動油の粘度区分です。粘度グレードは作動油の40℃での動粘度の許容範囲の中心値を表しており、ISOVG22、ISOVG32、ISOVG46、ISOVG68などに区分されています。

　また、**表1-5**は各粘度グレードの作動油とポンプ運転時／起動時の指定粘度

表 1-3 作動油の選定基準

検討項目	備　考
耐火性の必要性	石油系、難燃性
油圧ポンプの種類	適正粘度
使用温度範囲	低温用、高温用、高粘度指数油
水分混入の危険性	抗乳化性
潤滑管理	作動油の種類・銘柄
経済性	寿命

表 1-4 油圧ポンプと作動油の粘度

油圧ポンプの種類	粘度範囲（mm^2/s）	
	運転時	起動時（最高）
ベーンポンプ ピストンポンプ ギヤポンプ	13〜54	860

に対応した温度との関係を示したものです。粘度は使用する粘度グレードの作動油および運転温度によって変わります。

なお、粘度が大きすぎると流れの圧力損失も大きくなり、油温上昇につながります。逆に粘度が小さすぎると油圧機器の内部漏れが増大し、油温上昇につながります。粘度が適切でないと、油圧装置の不具合発生の原因になります。

したがって、ポンプメーカーが指定する粘度範囲を維持できる粘度グレードの作動油を選定することが大切です。

一般に7 MPaクラスの工作機械などはVG32、14～21 MPaクラスの射出成形機などはVG46、35 MPaクラスの高圧・高温で使用する建設機械などはVG68がよく使われています。

作動油の選定に当たっては、その他に、特殊な環境である低温、高温地域や水分の混入する危険性のある場所などでは、それらに対応した特殊な添加剤を使用した作動油の検討も必要になります。ただし、添加剤の追加には、メリットとデメリットがあるので、よく作動油メーカーに確認する必要があります。

また、作動油は酸化劣化するので、性状を維持する保守管理が必要になります。保守管理の運用では、なるべく同一の作動油の方が好ましいため、使用する作動油の種類を統一することも必要です。

その他、作動油の長寿命化も検討する必要があります。従来は、耐摩耗性作動油の大半は亜鉛（Zinc）をベースとしたZDDPの添加剤を使用していましたが、高圧・高精度化へと使用条件が厳しくなり、スラッジの発生が問題となりました。以来、長寿命化のため亜鉛を使用しないスラッジレスの耐摩耗性作動油がよく使われています。

表1-5 作動油の粘度等級と温度の関係

粘度等級	基準粘度 mm^2/s @40℃	作動油の温度（℃）	
		運転時 $54～13\ mm^2/s$	起動時 $860\ mm^2/s$
VG32	32	27～62	-12
VG46	46	34～71	-6
VG68	68	42～81	0

要点 ノート

作動油を選定する際は、第1にポンプを運転するときのメーカーが指定する粘度範囲を維持できる粘度グレードの作動油を検討します。その他、特殊環境への対応、保守管理の面、長寿命化なども考慮する必要があります。

2 作動油

作動油の保守管理

　作動油は酸化劣化するとスラッジが生成され、潤滑性が低下することによって、ポンプの性能が落ちるとともに、油圧機器の作動不良が発生しやすくなります。このため、作動油の性状を維持するとともに、劣化が進んだときには新油に交換する必要があります。

　一般的な作動油の交換基準例を**表1-6**に示します。

　ここで動粘度は、作動油の最も重要な特性の1つで、潤滑油としての油膜厚さが適正に保持できるか否かを判断する重要な項目です。一般には動粘度の変化が10%を超えたら新油に交換します。

　なお、動粘度試験方法および粘度指数算出方法はJIS K2283で規定しており、動粘度と粘度の関係を次式で表しています。

$$v = \frac{\mu}{\rho}$$

　ここに、v：動粘度（mm²/s）　μ：粘度（MPa·s）　ρ：密度（g/cm³）

　動粘度とは、流体が重力の作用で流動するときの抵抗の大小を表すものです。また、温度が高くなると作動油の動粘度は小さくなりますが、粘度指数（ViscosityIndexで通常 $V.I$ 値と呼びます）は温度によって動粘度がどの程度変化するかの指標で、数値が大きいほど温度による粘度変化が少ないことを示しています。

　ナフテン系の油を $V.I = 0$、パラフィン系の油を $V.I = 100$ と決め、これを基準に他の油の粘度指数を決めています（**図1-10**）。$V.I$の求め方は、次のように規定されています。

　$V.I = 100$ 以下の場合に、$V.I$を求める方法

表1-6 作動油の交換基準例（参考）

	石油系作動油	水-グリコール	W/Oエマルション	試験方法
動粘度（40℃）mm²/s	±10%	±20%	±10%	JIS K 2283
酸価増加　mg KOH/g	0.5〜1.0	±20%	3.0以上	JIS K 2501
水分　VOL%	0.2以上	33以下50以上	30以下	JIS K 2275

$$V.I = \frac{L-U}{L-H} \times 100$$

$V.I = 100$ を超える場合に、$V.I$ を求める方法

$$V.I = \frac{10^N - 1}{0.00715} + 100 \qquad N = \frac{\log H - \log U}{\log Y}$$

ここに、L：100℃にて試料と同一動粘度を持つ $V.I = 0$ の油の40℃における動粘度（mm^2/s）

H：100℃にて試料と同一動粘度を持つ $V.I = 100$ の油の40℃における動粘度（mm^2/s）

U：$V.I$ を求める試料の40℃における動粘度（mm^2/s）

N：Y を H と U の比に一致させるために必要なべき数

Y：試料の100℃における動粘度（mm^2/s）

酸価とは、JIS K2501（石油製品および潤滑油－中和価試験方法）で、油脂1g中に存在する遊離脂肪酸を中和するのに必要な水酸化カリウムのmg数と定義しています。この酸価は、作動油が酸化劣化して生成した酸性物質の量を示しており、作動油の劣化の程度を知るための重要な値です。

水分は作動油を乳化（懸濁）させ、発錆の原因となります。また、酸化を促進させ、油膜切れによる潤滑不良を起こしやすいことから、水分量の把握もトラブルを未然に防ぐための重要な管理項目です。

図1-10 粘度指数

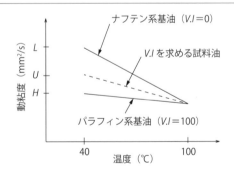

要点 ノート

作動油の性状管理項目は多くありますが、動粘度、酸価、水分量の3つは油圧機器の潤滑性を支える油膜形成に直接影響を及ぼすため、特に重要です。長寿命化を得るのは適正な粘度範囲の維持管理が重要となります。

3 流れの法則

圧力と流量・流速

❶圧力

力のSI単位は、質量1kgの物体に1m/s²の加速力が生じる大きさを1ニュートンと定義しており、$1N = 1kg \cdot m/s^2$ です。また、圧力のSI単位は、1m²当たりの1ニュートンの大きさを1パスカルと定義しており、$1Pa = 1N/m^2$ です。

ただし、油圧の場合には、通常使う圧力の大きさはパスカル単位の千倍、百万倍であり、数値が読みやすいように、キロパスカル（kPa）やメガパスカル（MPa）の単位を使います。

液体の入った容器の底に働く力と圧力の関係を図1-11に示します。油圧では空気の重さによる圧力をゼロとしたゲージ圧力を採用しています。

底面に働く力は液体の重さによる力ですから、液体の質量（体積に密度を掛け合わせたもの）に重力加速度を掛け合わせた大きさになります。

❷流量と流速

油圧では一般に流量とは流路の断面を単位時間に通過する作動流体の体積としています。また、配管内の流体の移動速度を流速と呼んでいます。

図1-12はパイプ断面積の比が1対2のパイプに流体を流したものです。

この図は、配管途中の各断面において、流量は断面積と流速を掛け合わせたものに等しく、どの断面でも一定になることを示しています。これを連続の式と呼んでいます。

この連続の式は、管内径を決めるときに用いられています。なお、実用的に

図1-11 圧力

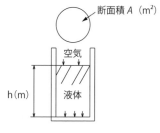

断面積 A (m²)

液体の体積　$V = A \cdot h$
液体の質量　$M = V \cdot \rho$
容器の底面が受ける力　$F = M \cdot g$ (N)
容器の底面に発生する圧力　$P(Pa) = \dfrac{F(N)}{A(m^2)} = \rho \cdot g \cdot h$　(1-1)

例えば、水の場合　水深100mの水圧は
$P = \rho \cdot g \cdot h = 1000 \times 9.8 \times 100 = 0.98 \times 10^6 (Pa) = 0.98 (MPa)$

ここに、ρ：密度　(kg/m³)
　　　　g：重力加速度　(m/s²)

は管内流速をポンプ吸込み配管：1.2 m/s 以下、圧力配管：5 m/s 以下、戻り配管：4 m/s 以下として推奨しています（図1-13）。

| 図 1-12 | 定常流における流量と流速の関係 |

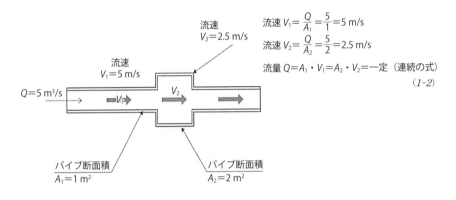

流速 $V_1 = \dfrac{Q}{A_1} = \dfrac{5}{1} = 5$ m/s

流速 $V_2 = \dfrac{Q}{A_2} = \dfrac{5}{2} = 2.5$ m/s

流量 $Q = A_1 \cdot V_1 = A_2 \cdot V_2 =$ 一定（連続の式）

(1-2)

| 図 1-13 | 管内径の求め方 |

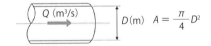

D(m)　$A = \dfrac{\pi}{4} D^2$

連続式の $Q = A \cdot V$ より

流速 V (m/s) $= \dfrac{Q \text{ (m}^3\text{/s)}}{A \text{ (m}^2\text{)}} = \dfrac{4Q}{\pi D^2}$

管内径 $D = \sqrt{\dfrac{4Q}{\pi V}}$

例えばポンプの吸込み配管において $Q = 150$ L/min のときの管内径を求めると……（ただし、流速は $V = 1.2$ m/s とする）

$D = \sqrt{\dfrac{4 \times 150 \times 10^{-3}/60}{3.14 \times 1.2}}$

$= 0.0515$ m

$\fallingdotseq 52$ mm

> **要点ノート**
> 圧力は単位面積当たりの力のことで、油圧では大気圧をゼロとしたゲージ圧力を用いています。流量は管路内を単位時間に移動する流体の体積のことで、どの断面も断面積と流速を掛け合わせたものは等しくなります。

3 流れの法則

動力とベルヌーイの定理

❶動力

　動力はエネルギーの流れや単位時間当たりのエネルギーのことです。

　電源から電気モータを回し、油圧ポンプを駆動するときの動力の伝わり方を図1-14に示します。

　動力は制御システムのエネルギー効率を比較する場合に重要な基準量となるものです。動力の表し方を表1-7に示します。

　油圧の場合、実用的には圧力の単位はMPa、流量の単位はL/minを使用するので、動力の大きさは下記の式を用います（エネルギー損失ゼロの場合）。

$$\text{油動力 } W = P \cdot Q \text{ (MPa · L/min)} \times 10^6 \times 10^{-3}/60 \text{ (W)}$$
$$= P \cdot Q \times 10^3 / 60 \text{ (W)}$$
$$= P \cdot Q / 60 \text{ (kW)} \tag{1-3}$$

❷ベルヌーイの定理

　流体の流れの法則で重要なものにベルヌーイの定理があります。

　ベルヌーイの定理を図1-15に示します。流体は圧力エネルギー、運動エネルギーおよび位置エネルギーの3つの形の違うエネルギーを持っていますが、流れの状態が変わっても、エネルギーの総和は変化しないという「エネルギー保存の法則」としてよく知られています。

　ベルヌーイの定理は粘性がなく、流れの乱れがない定常流のものであり、エネルギー損失のない定理であり、実際の流れでは存在しません。しかし実用的には十分活用できるもので広く一般に用いられています。

図1-14 ｜ 動力の伝わり方

エネルギーの流れ、単位時間当たりのエネルギー

例えば、液面の高さの変化により流速がどのように変化するのかを図1-16に示します。これは水面50 mの高さにおけるダムの放水速度を求める例で、ベルヌーイの定理を応用しています。

ダムの水面下の水と放水口の水が流線でつながっていると考えます。ダム湖表面の水の速度V_1は0であり、水面下の圧力P_1と放水口の圧力P_2は、共に大気圧力でありほぼ等しいと言えます。

これにベルヌーイの定理を当てはめると、容易に放水速度が得られます。

表1-7 動力の表し方

基本変致	電気系	直線運動系	回転運動系	流体系
示強性	電圧 $V(V)=N\cdot m/C$	力 $F(N)$	トルク $T(N\cdot m)$	圧力 $P(Pa)=N/m^2$
示量性	電流 $I(A)=C/s$	速度 $V(m/s)$	角速度 $\omega(rad/s)$	流量 $Q(m^3/s)$
動力	$V\cdot I(W)$	$F\cdot V(W)$	$T\cdot \omega(W)$	$P\cdot Q(W)$

2つの変致を掛けると動力[W]になる

図1-15 ベルヌーイの定理

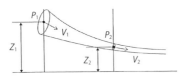

$$P_1 + \frac{1}{2}\rho\cdot V_1^2 + \rho\cdot g\cdot Z_1 = P_2 + \frac{1}{2}\rho\cdot V_2^2 + \rho\cdot g\cdot Z_2 \quad (1\text{-}4)$$

ここに、P：圧力（Pa） ρ：密度（kg/m³）
　　　　g：重力加速度（m/s²） Z：高さ（m）

図1-16 液面の高さによる流速の変化

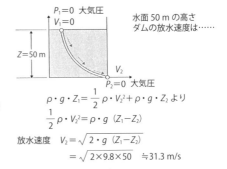

水面50 mの高さダムの放水速度は……

$\rho\cdot g\cdot Z_1 = \frac{1}{2}\rho\cdot V_2^2 + \rho\cdot g\cdot Z_2$ より

$\frac{1}{2}\rho\cdot V_2^2 = \rho\cdot g\ (Z_1-Z_2)$

放水速度 $V_2 = \sqrt{2\cdot g\ (Z_1-Z_2)}$
　　　　　　$= \sqrt{2\times 9.8\times 50} ≒ 31.3$ m/s

要点 ノート

油動力は圧力と流量を掛け合わせたものです。動力の大きさを比較することによって詳細なエネルギーの損失が見えてきます。ベルヌーイの定理は「エネルギー保存の法則」として、流れの状態を把握するのに有用です。

3 流れの法則

層流・乱流と管路の圧力損失

　流体の流れは層流と乱流の2種類が存在します。層流（図1-17）は規則正しい整然とした流れで、粘性抵抗が圧力損失の原因になります。
　乱流（図1-18）は不規則で混乱した流れで、粘性抵抗だけでなく、管内壁の表面粗さに関係した抵抗損失も加わり、急激に圧力損失が大きくなります。
　この層流と乱流を明らかにしたのは英国のレイノルズです（図1-19）。
　レイノルズはどのような条件下であっても、レイノルズ数が同一であれば、同じ流動状態になることを発見しました。
　レイノルズ数 Re が約2,300以下では、流れは層流になり、これを超えると層流から乱流に遷移します。

❶管路の圧力損失

　管路に流体を流すと上流と下流とで圧力差が生じます。これは管内の摩擦により発生しますが、この様子を図1-20に示します。

図1-17　層流

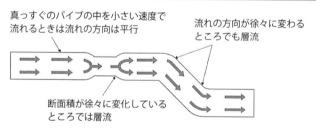

図1-18　乱流

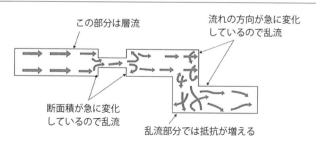

この圧力差を一般に管路の圧力損失と呼んでいます。

その他、油圧管路にはエルボやティーなどの各種の継手がありますが、この継手の圧力損失は式（1-7）を用います。流速が大きくなるとこの継手部分の圧力損失が直管に比べて大きくなるので注意が必要です。

$$\Delta P \text{ (Pa)} = k \frac{\rho V^2}{2} \times n \quad (1-7)$$

ここに、k：損失係数でエルボ1.2、ティー1.5　　n：継手個数

図 1-19　レイノルズの実験

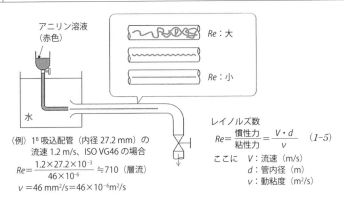

図 1-20　管路の圧力損失

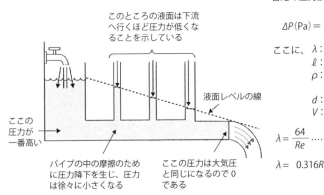

要点 ノート

流れには層流と乱流があり、乱流は急激に圧力損失が大きくなります。エルボやティーなどの各種継手の圧力損失には損失係数が定められており、直管に比べて圧力損失が大きくなるので注意が必要です。

3 流れの法則

隙間流れとオリフィス・チョーク流れ

❶隙間流れ

　油圧機器内部の狭い隙間の流れは、一般にクエッテの流れを応用しています。隙間の単位幅の流れを図1-21に示します。

　油圧機器のしゅう動部の形状には円筒形が多く存在します。この、環状隙間の流れ（図1-22）は、平行な平板の隙間流れにおける隙間の横幅を円周の長さとしたものに置き換えられるため式（1-8）を用いています。

❷オリフィスとチョーク流れ

　断面が円形で、絞りの長さが断面寸法に比べて比較的短いものをオリフィスと言い、絞りの長さが断面寸法に比べて比較的長いものをチョークと言います。

　オリフィスとチョークは、油圧制御弁の基本的な絞り機能として用いられています。

　オリフィスは一般に、粘度の影響を受けにくい絞りとして用いられます。オリフィスの流れを図1-23に示します。

| 図1-21 | 静止している2枚の平行平板の隙間流れ |

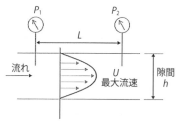

隙間
単位幅当たりの $Q = \dfrac{(P_1 - P_2)}{12\mu L} \times h^3$

ここに、Q：隙間流れの流量（m³/s）
P_1：入口圧力（Pa）
P_2：出口圧力（Pa）
μ：絶対粘度 $\mu = \nu \cdot \rho$
L：流れの方向の長さ（m）
h：隙間（m）

| 図1-22 | 環状隙間流れ |

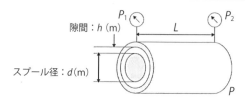

$$Q = \dfrac{\pi d(P_1 - P_2)}{12\mu L} \times h^3 \text{ (m}^3\text{/s)} \quad (1\text{-}8)$$

このオリフィスの式（1-9）はベルヌーイのエネルギー保存の式から導かれます。式中のCは流量係数と言われ、式が成り立つように実験によって求められるものですが、油圧の場合、一般に0.7を用いています。

一方、チョークの流れは流速が小さいことから層流です。チョークの流れを図1-24に示します。この式（1-10）はハーゲン・ポアズイユの式として知られています。

チョークは、粘度の影響を受けますが、層流流れのために、過渡的な流れに対し安定性がよく、圧力制御弁のシートやピストンなどの形状設計に多く用いられています。

図 1-23 オリフィスの流れと特性式

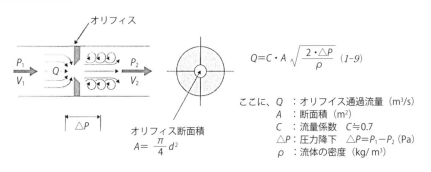

$$Q = C \cdot A \sqrt{\frac{2 \cdot \triangle P}{\rho}} \quad (1\text{-}9)$$

ここに、Q ：オリフィス通過流量（m³/s）
　　　　A ：断面積（m²）
　　　　C ：流量係数　$C \fallingdotseq 0.7$
　　　　$\triangle P$ ：圧力降下　$\triangle P = P_1 - P_2$（Pa）
　　　　ρ ：流体の密度（kg/m³）

図 1-24 チョークの流れと特性式

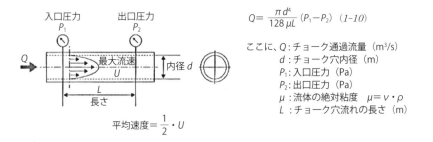

$$Q = \frac{\pi d^4}{128 \mu L}(P_1 - P_2) \quad (1\text{-}10)$$

ここに、Q：チョーク通過流量（m³/s）
　　　　d：チョーク穴内径（m）
　　　　P_1：入口圧力（Pa）
　　　　P_2：出口圧力（Pa）
　　　　μ：流体の絶対粘度　$\mu = \nu \cdot \rho$
　　　　L：チョーク穴流れの長さ（m）

> **要点 ノート**
> 油圧機器の円筒形状のしゅう動部は環状隙間流れを、粘度の影響を小さくしたいところにはオリフィス流れを、また安定した動特性を優先するところにはチョーク流れを応用するのが一般的です。

【4】油圧機器の構造と特性

油圧ポンプ

　油圧ポンプは全て容積形ポンプに属し、容積が変化した分だけ吐き出す機構のもので多くの種類があります。分類したものを図1-25に示します。

　この中で一般に多く使われているのはギヤポンプ、ベーンポンプおよびアキシアルピストンポンプの3種類です。

　いずれも連続的に油を吐き出すのが目的ですが、主要なポンプ性能を示す項目は次のとおりです。

①**押しのけ容積**：ポンプの大きさを表すもので1回転当たりに吐出する流体の容積と定義しており、単位はcm^3を使用します。

②**最高圧力**：強度上安全に使用できる最高の圧力を言い、単位はMPaです。

③**最高回転速度**：キャビテーションの発生もなく正常に吸込み作用ができる最高の回転速度を言い、1分間当たりの回転数で表すと定義しており、単位はmin^{-1}です。

④**容積効率**：実際に吐き出した液体の容積と理論押しのけ容積との比です。

$$容積効率\, \eta_V = \frac{実際の吐出容積}{理論押しのけ容積}$$

⑤**全効率**：実際に出力した油動力と軸の回転に要した軸入力との比です。

$$全効率\, \eta_t = \frac{実際に出力した油馬力}{ポンプ軸入力} = \frac{\frac{P \times Q_s}{60}(kW)}{\frac{2\pi \times T \times N}{6 \times 10^4}(kW)}$$

　　ここに、P：ポンプ吐出圧力（MPa）　Q_s：ポンプ吐出流量（L/min）
　　　　　T：入力軸トルク（N・m）　N：ポンプ回転速度（min^{-1}）

⑥**騒音レベル**：無響音室で測定し、ポンプ表面から1m離れた距離での音圧レベルを言い、単位はdBです。

　油圧ポンプの主要な性能比較を表1-8に示します。

　ギヤポンプは、部品点数が少なく構造が簡単で廉価であることと、吸込み特性の良いことが特徴です。内接形は騒音・脈動が極めて低く、2段ポンプとして高圧化を達成しています。なお、ギヤポンプの可変容量形は構造的に不可能

であり、定容量形しかありません。幅広く産業機械、建設機械、農業機械などでよく使われています。

ベーンポンプは、脈動が小さく、運転音が静かなことと、圧力平衡形で軸受寿命が長く、ベーンの摩耗に対しても性能の低下が緩慢であり、寿命が長いという特徴があります。21 MPaまでの中圧の領域でよく使われています。

ピストンポンプは、高圧での内部漏れが極めて小さく、高効率なのが特徴で、パワーを要する建設機械向けを中心に、船舶、製鉄機械、射出成形機などに幅広く使われています。

図 1-25 | 油圧ポンプの分類

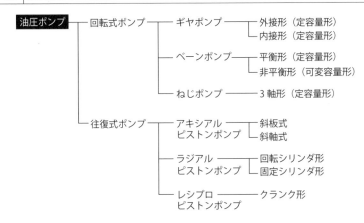

表 1-8 | 油圧ポンプの性能比較

	形式	押しのけ容積 (cm^3)	最高圧力 (MPa)	最高回転速度 (min^{-1})	全効率 (%)	運転音 脈動	耐久性 耐コンタミ	吸込み性
ギヤ ポンプ	外接形	4.5〜125	17.5〜28	1800〜3000	75〜85	×	◎	◎
	内接形	3.6〜500	0.5〜30	1200〜3000	65〜90	○	◎	◎
ベーン ポンプ	平衡形	7.5〜372	3.5〜21	1200〜2500	70〜85	◎	○	○
	非平衡形	8〜25	7〜14	1200〜1800	60〜70	○	○	○
ピストン ポンプ	斜板式	8〜500	14〜40	1200〜3600	85〜92	×	△	△
	斜軸式	4〜507	35〜45	1440〜4500	88〜95	×	△	△

要点 ノート

ポンプの性能は主に押しのけ容積、最高圧力、最高回転速度で評価します。容積効率、全効率は運転する圧力、回転速度で異なってくるため、実際の使用条件に照らし合わせてメーカーに確認する必要があります。

【4】油圧機器の構造と特性

圧力制御弁①
リリーフ弁と減圧弁

　一般に圧力制御弁の分類は**図1-26**のとおりです。
　リリーフ弁は回路内の圧力を設定値に保持するために、流体の一部または全部を逃がす圧力制御弁で、油圧システムにおいて最も重要なバルブと言えます。
　リリーフ弁は構造から直動形とパイロット作動形に分けられます。

❶直動形リリーフ弁
・ポペット弁構造でP→Tポート間の漏れがない。
・流体を逃がす応答は速いがオーバライド特性（**図1-27**）が悪く、前漏れ流量が多い。
・受圧面積が大きく、ばね荷重が大きく必要となりバルブが大きくなる。

　このことから直動形リリーフ弁は一般に回路の異常高圧から機器および管路の破損を防止すための安全弁として、その他、圧力の遠隔操作のリモコン弁として使われます。

❷パイロット作動形リリーフ弁（図1-28）
・スプール構造の主弁はP→Tポート間に漏れがある。
・直動形に比べて応答は遅いがオーバライド特性が良く、回路効率が良くなる。
・パイロット流量が微小なためにパイロット部分は受圧面積を小さくでき、操作力も小さく、容易に電磁操作式に変えられる。

　このことからパイロット作動形リリーフ弁は回路の圧力調整用に使われます。
　減圧弁（図1-29）は入口側の圧力に関係なく、出口側圧力を入口側圧力よりも低い設定圧力に調整する圧力制御弁です。異なる圧力を同時に制御するときに使われます。
　減圧弁の仲間には、よく使われている次のバルブがあります。
　定差圧減圧弁は油圧機器の内部で圧力補償機能部品としてよく使われています。代表的なものは流量調整弁で、その他にパイロットラインの流量を一定にする目的でも使われています。
　リモコン弁は減圧弁の操作レバーの角度に見合った圧力を発生する減圧弁で、建設機械の比例弁のパイロット圧力制御弁として使われています。

図 1-26 圧力制御弁の分類

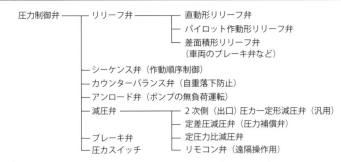

図 1-27 圧力オーバライド特性

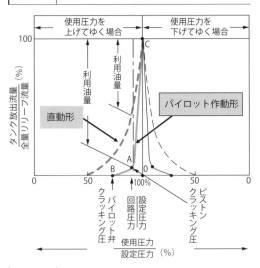

図 1-28 パイロット作動形リリーフ弁

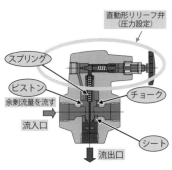

図 1-29 減圧弁

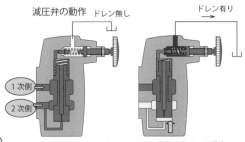

要点ノート

リリーフ弁は回路内の圧力を設定値に保持する圧力制御弁です。減圧弁はメインの回路圧力よりも低い圧力を保持する圧力制御弁です。

【4】油圧機器の構造と特性

圧力制御弁②
スプールタイプの直動形圧力調整弁、その他

　スプールタイプの直動形圧力制御弁は同じ部品で構成されていますが、上カバーと下カバーの取り付け向きでパイロットポートとドレンポートの接続を変えることによって、リリーフ弁、シーケンス弁、カウンタバランス弁およびアンロード弁を得ています。なお、ボディはスプールの油路をバイパスするチェック弁を内蔵したものと、チェック弁なしの2種類を使用しています。

　図1-30は、直動形圧力調整弁の組み合わせの一覧を図記号で示したものです。

　シーケンス弁は入り口圧力または外部パイロット圧力が所定の圧力に達すると、入り口側から出口側への流れを許す圧力制御弁です。図1-31はシリンダ（1）がストローク端に達し、回路圧力がシーケンス弁の設定圧力以上になるとスプールが上方に移動しシリンダ（2）を移動させる例です。

　カウンタバランス弁は負荷の落下を防止するため、背圧を保持する圧力制御弁です。一方向の負荷には内部パイロット形を、負荷の方向が反転する場合は動力損失を少なくするために外部パイロット形を用います。

　アンロード弁は外部パイロット圧力が所定の圧力に達すると、入り口側からタンク側への自由流れを許す圧力制御弁です。図1-32はシリンダがストローク終端に達し、回路圧力がアンロード弁の設定圧力以上になると大容量ポンプがアンロード弁により無負荷で油タンクに戻る例です。

　ブレーキ弁は慣性負荷に対して、停止したときのアクチュエータへの過大圧力を防止するためのリリーフ弁機能およびキャビテーションを防止するための吸込み回路を一体にしたバルブです。

　圧力スイッチは圧力が所定の値（閾値）に達したとき、電気接点（回路）を開閉する機器です。機械式と電子式の2種類があります。機械式のピストンタイプは信頼性が高く、長寿命でよく使われていました。最近は小型で応答性および精度の良い電子式が多く使われています。

図 1-30 直動形圧力調整弁の組み合わせ一覧

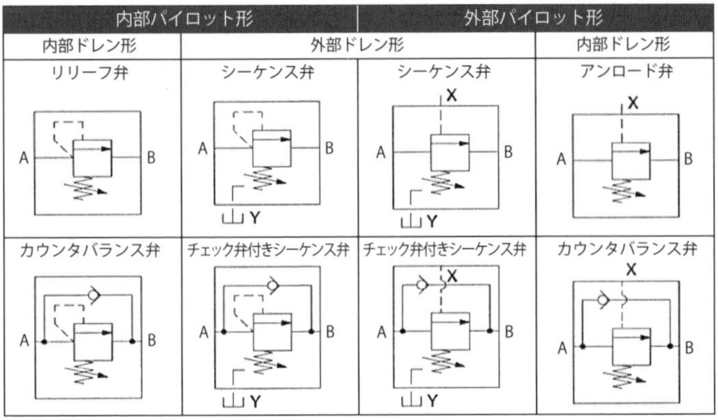

内部パイロット形		外部パイロット形	
内部ドレン形	外部ドレン形	内部ドレン形	内部ドレン形
リリーフ弁	シーケンス弁	シーケンス弁	アンロード弁
カウンタバランス弁	チェック付きシーケンス弁	チェック弁付きシーケンス弁	カウンタバランス弁

図 1-31 直動形圧力調整弁（シーケンス弁の例）

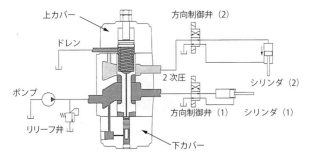

図 1-32 直動形圧力調整弁（アンロード弁の例）

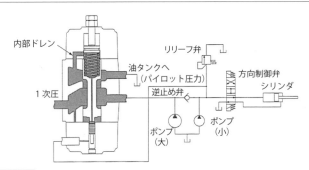

> **要点 ノート**
> 直動形圧力調整弁はパイロットポートとドレンポートの接続を内部方式または外部方式に組み合わせることによって、リリーフ弁、シーケンス弁、カウンタバランス弁、アンロード弁を得ています。

4 油圧機器の構造と特性

流量制御弁

　流量制御弁はアクチュエータの速度をコントロールするもので、一般に**図1-33**のように分類され、プレフィル弁まで含まれます。
　流量制御弁の基本的な機能は、次の3つに分けられます。

① **可変絞り**：これは絞り作用によって流量を規制するもので、圧力補償機能を持っていません。

② **圧力補償付き**：これは可変絞りの前後差圧に変動があっても流量を一定に保つ機能です。**図1-34**は圧力補償付きの代表的なバルブである流量調整弁の内部構造を示しています。圧力補償の原理はピストンとスプリングを追加することによって、可変絞りの前後差圧をスプリング力とバランスさせていることです。

③ **温度補償付き**：JIS B0142（用語）では温度補償付きを定義していませんが、これは作動油の温度（粘度）変化があっても流量を一定に保つ機能です。

　図1-35に温度圧力補償付き流量調整弁の内部構造の例を示しています。これは熱膨張係数の大きい材料のロッドを用いて、油温が上昇すると、ロッドが伸びて絞り開口面積を小さくします。また油温が下がると、ロッドが収縮して開口面積を大きくして温度補償を行うものです。

　圧力補償付き流量調整弁は、これを使う上で次の3つの注意点があります。

❶ **最低作動圧力**
　バルブ内部の圧力補償弁が正常に作動するためのバルブ前後の最低の圧力差を言い、これは使用流量によって変化し、流量の増加とともにその値は大きくなります。良好な流量制御を行うために、一般には1MPa以上の圧力差を設けるように推奨しています。

❷ **最小制御流量**
　圧力補償弁を正常に働かせるために必要な最小の流量を言います。最小制御流量は個々の弁および絞り弁前後の圧力差により異なります。
　最小制御流量付近で使用するときは、バルブ内部の圧力補償弁も絞り弁もほとんど閉じた状態で使用するので、油の汚れの影響を受けやすく、バルブの流入口側に10 μmのフィルタを入れるのを推奨しています。

❸ジャンピング現象

　流量調整弁の流出口側ポートを閉から開に切り換えた場合、流量は圧力補償弁が整定するまでの0.1秒程度の瞬間、設定値以上の流量が流れることがあります。これをジャンピング現象と呼んでいます。

　これは流れ始めの圧力補償弁のピストンは全開状態にあり、ピストンが整定するまでの間、絞り弁の前後差圧が増加してしまうためです。ジャンピング現象を軽減するには、一般に使用流量に合わせて、ピストンのストロークを規制するように調整しています。

図 1-33　流量制御弁の分類

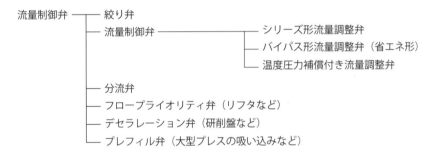

図 1-34　流量調整弁内部構造　　図 1-35　温度補償付き流量調整弁

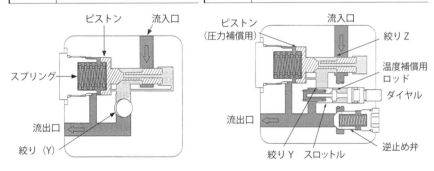

> **要点　ノート**
> 流量制御弁の機能には単純な絞り、圧力補償および温度補償があります。圧力補償にはシリーズ形とバイパス形の2種類があります。圧力補償形は最低作動圧力、最小制御流量、ジャンピング現象の3つに留意する必要があります。

4 油圧機器の構造と特性

方向制御弁①
方向制御弁の分類とスプールの種類

　流れの方向を制御する方向制御弁の分類は、**図1-36**のとおりです。

　方向制御弁は構造によってスプール形、ロータリ形およびポペット形に大別されます。

　スプール形（**図1-37**）はスプール外周の圧力が平衡するため、高圧でも円滑に切り換えられる特徴があり、方向制御弁の大半はこのタイプです。なお、スプール形はボディとの間に環状隙間を設けており、ポート間（PポートからAポートなど）には漏れが生じます。

　一方、ポペット形（**図1-38**）はスプールが弁座とメタル接触させており、ポート間に漏れがない特徴があります。

　また、方向制御弁はポートの数（2ポート弁、3ポート弁、4ポート弁など）、切換え位置の数（2位置弁、3位置弁など）、切り換えの中央位置における流れの形（オールポートオープン、オールポートブロック、A-B-T接続など）、ばねの取り付け方法（スプリングセンタ形、スプリングオフセット形、ノースプリングデテント形など）および切り換えの操作方法（手動式、機械式、油圧パイロット式、電磁式、電磁油圧パイロット式など）などで分類され、非常に多くの種類があります。

　産業機械ではソレノイドの電磁力によって油路を切り換えるスプール形、4ポート弁の電磁弁が圧倒的に多く使われています。

図1-36　方向制御弁の分類

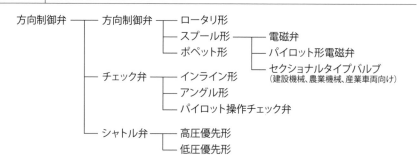

第1章 油圧の基礎知識

　電磁弁は可動鉄心が油中で動くウェット形と空気中で動くドライ形がありますが、最近では切換音、切換えショックの小さいウェット形が多く使用されています。

　電磁弁のスプール（図1-39）には多くの種類があります。切換え位置の中央位置での油の流れの形によって区分しています。代表的なものにオールポートオープン、オールポートブロック、A-B-T接続、P-T接続（タンデム）などがあります。

　これを選択することによって、アクチュエータの負荷特性に合った動作を得ることができます。

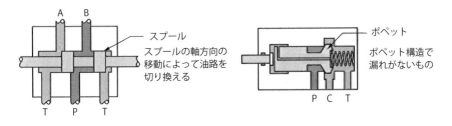

図1-37　スプール形方向制御弁の構造

図1-38　ポペット形方向制御弁の構造

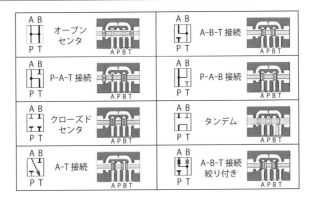

図1-39　電磁弁のスプールの種類

要点　ノート

産業機械での方向制御弁は、スプール形、4ポート弁の電磁弁が圧倒的に多く使われています。電磁弁のスプールには多くの種類があり、アクチュエータの負荷特性に合ったものを選択することが大切です。

4 油圧機器の構造と特性

方向制御弁②
使用上の注意点

使用上、特に注意する点として次の3つがあります。

❶流体力

電磁弁から油が流出するとき、スプールには図1-40に示すような開口部を閉じる方向に流体力が作用するので、ソレノイドの切換え能力が十分な状態で使用する必要があります。

電磁弁のポート間をP→A、B→Tのようにループで油を流す場合とP→Aの片パスのように一方向だけの流れの場合ではこの流体力が異なります。この流体力はスプール形状、圧力でも異なり複雑です。

したがって、メーカーのカタログに記載されている使用条件ごとの流せる最大流量を遵守することが大切です。

$$\text{流体力} \quad F (\text{N}) = 2C \cdot A(P_1 - P_2) \cos\theta \qquad (1\text{-}11)$$

ここに、C：流量係数（一般に0.72）
　　　　A (m²)：絞りの面積（$= \pi d X_v$）
　　　　d：スプール径（m）　X_v：スプール開度（m）
　　　　$P_1 - P_2$ (Pa)：絞り前後の圧力差　θ：噴流の噴出角（一般に69°）

❷内部漏れ

電磁弁のボディとスプールには環状の隙間（図1-41）があり、内部漏れが生じます。この内部漏れは式（1-8）から求まります。なお、粘度の代わりに実用的な動粘度を用いると式（1-12）が得られます。

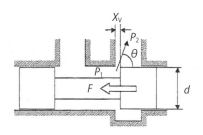

図1-40 ｜ 流体力

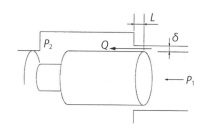

図1-41 ｜ 内部漏れ

$$漏れ量 \quad Q \ (\text{m}^3/\text{s}) = \frac{\pi d (P_1 - P_2)}{12 v \rho L} \times \delta^3 \tag{1-12}$$

ここに、d：スプール径（m）

$P_1 - P_2$：ポート間の圧力差（Pa）

v：作動油の動粘度（m^2/s）

ρ：作動油の密度（kg/m^3）

L：スプールランドのシール長さ（m）

δ：環状の半径隙間（m）

なお、式(1-12)は同心のときを示しており、スプールが最大に偏心した場合には漏れ量は約2.5倍に増加します。

負荷が軽い場合には、この内部漏れの流れによって負荷が勝手に動いてしまうことがあります。負荷条件を把握し、確実な動作を図る必要があります。

❸パイロット圧力

パイロット操作チェック弁（図1-42）は、パイロット圧力によりポペットを強制的に押し上げ、逆方向にも油を流せる構造のバルブです。

シートとパイロットピストンの面積比は一般に1対3程度で、負荷圧力より小さなパイロット圧力でピストンの押し上げが可能です。しかし、ポペットが開き、逆流が起きたときに背圧が高いとピストンが押し戻され、チャタリング現象が起こることがあります。背圧の大きさに注意が必要です。

一般にはこの場合、外部ドレン形を使用して背圧の影響を小さくします。

図1-42　パイロット操作チェック弁の構造

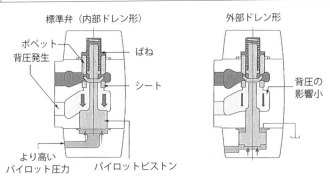

> **要点 ノート**
> 方向制御弁の使用において、特に注意する点はスプールを閉じるように作用する流体力、スプールに生じる内部漏れおよびパイロット圧力による操作力の保持の3つです。

4 油圧機器の構造と特性

アクチュエータ

アクチュエータの分類を図1-43に、タイロッド取り付けシリンダの構造を図1-44に示します。

シリンダは直線運動を行うアクチュエータとしてあらゆる市場で使われています。シリンダはピストンの片側にだけ油圧を作用させることができる単動シリンダ、ピストンの両方向から油圧を作用させることができる複動シリンダおよびテレスコープ形シリンダの3つに分類されます。

チューブ内径とロッド径、ピストンストローク、ロッド先端形状などはJIS B8366で、取り付け寸法はJIS B8367で規定されています。

油圧モータは油圧によって回転運動を行うアクチュエータで、作動原理は油

図1-43 アクチュエータの分類

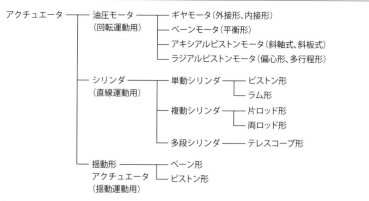

図1-44 タイロッド取り付けシリンダの構造

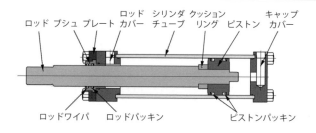

圧ポンプの逆であり、ほぼ同じ構造で動作ができます。

ただし、ベーンモータはベーンに圧力と遠心力がなくてもカムリングへの押し付け力を得るためにスプリングを用いています。

ベーンモータは安価でコンパクトなのが特徴ですが、ブレーキ性能がよくないので、慣性の小さい高速・中荷重負荷に用いられます。

ピストンモータは高速・高圧・高効率なのが特徴で、建設機械の走行用・旋回用、ウインチや撹拌機などの産業機械などへ幅広く使われ、市場の大半はこのピストンモータです。

内接形ギヤモータは小形で大トルクが得られるので、小形の建設機械に使われています。

油圧モータの性能比較を**表1-9**に、油圧ポンプと油圧モータの作動特性の比較を**表1-10**に示します。

表1-9 油圧モータの性能比較

形式		押しのけ容積 (cm^3)	最高回転速度 (min^{-1})	定格トルク ($N・m$)	定格圧力 (MPa)	全効率 (%)
ベーンモータ	平衡形	40〜200	2600	100〜450	15.7	65〜80
		300〜12400	400〜75	6600〜28000	14	60〜80
ピストンモータ	アキシアル形	60〜800	2400〜1200	300〜3700	25〜31.5	88〜95
	ラジアル形	500〜12000	400〜70	1800〜45000	21	85〜92
ギヤモータ	外接形	10〜200	3000〜2300	35〜450	21〜14	75〜85
	内接形	8〜940	2000〜180	16〜2700	14〜21	60〜80

表1-10 油圧ポンプと油圧モータの作動特性の違い

	油圧ポンプ	油圧モータ
機能	回転動力→油圧動力 容積効率が重視される モータ作用は稀	油圧動力→機械回転動力 トルク効率が重視される ポンプ作用あり（ブレーキ動作）
回転方向	変わらず	両方向
回転速度	一定が普通	広範囲な回転速度 停止状態で高圧を受けることがある
運転油温	ポンプ本体と油温との差は少ない 油の温度変化は緩慢	著しい差で運転されることがある （サーマルショックの問題あり）
軸に対する外力	ない	プーリ、スプロケット、歯車などから外力を受ける

要点 ノート

シリンダはJIS B 8366と8367で寸法が規定されています。油圧モータは油圧ポンプとほぼ同じ構造ですが、作動特性は大きく異なるので、油圧モータは使用条件をよく確認することが大切です。

5 図記号と回路図

図記号

　図記号とは、油圧回路を表現する最も重要で便利なツールです。国際規格のISO1219-1で決められておりJIS規格もこれに準拠しています。

　この図記号は構造を表すものではなく、油圧システムおよび油圧機器の機能を表すものとして、JIS B0125-1 で規定されています（**図1-45**）。

　この規格はCADで書くことを前提に、基本記号の形状と大きさおよびその組み合わせの規則を決めています。5章：一般規則、6章：油圧機器の用例、7章：空気圧機器の用例、8章：基本記号、9章：適用規則となっています。

　基本記号では、

・流路の種類（実線は供給管路、戻り管路で、破線はパイロット管路、ドレン管路を意味しています）

・流路の接続点（管路に接続個所と油圧機器内部の接続個所とは黒丸の大きさを変えて区分しています）

・流れの方向（矢印の形状と大きさを決めています。なお、似た形の黒三角は油圧力の作用方向を示す図記号です）

・回転方向（円弧と矢印の組み合わせ）

・その他、ばねなどの機械要素、ソレノイドやレバーなどの制御要素など

　また、一般規則では次のルールを決めています。

a）機器の図記号は、その機器の非通電状態（または休止状態）を表します。

b）当該機器に附属する全ての接続口（例えば、P、T、A、B、パイロットポート、ドレンポートなど）を表します。

c）図記号を左右反転または90度回転させても意味は変わりません。

d）2つ以上の主要な機能を持ち、それらが相互に接続している場合は、その機器の図記号全体を実線で囲みます。

e）2つ以上の機器が一体のアセンブリとして組み立てられている場合は、一点鎖線で囲みます。

　また、この規格は各種油圧ポンプ・モータ、制御弁、シリンダ、アクセサリなどの図記号の用例を載せています。その中で日常よく使われる代表的なものを**図1-46**に示します。

例えば、ギヤポンプ、ベーンポンプなどの構造の違いは表さず、これらは全て同じ定容量形ポンプの図記号を用います。図1-46の可変容量形ポンプは圧力補償制御形を示していますが、他のロードセンシング制御や馬力一定制御なども決めています。

図記号中の矢印の付いた斜め線は、容量を変えられることを意味しています。方向制御弁の四角い枠はスプールの油路の切換え機能を示しています。

図 1-45 | 図記号が表現する油圧の機能

- ●油の流れる方向
- ●操作の方法（マニアル方式、パイロット油圧方式、ばね力、電磁力など）
- ●回転方向

図 1-46 | 主な図記号の種類

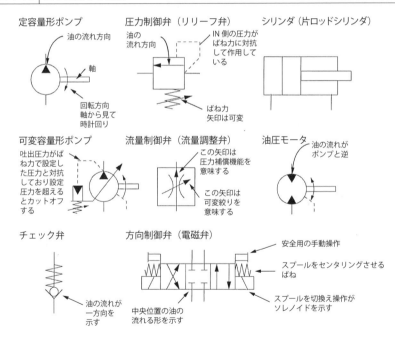

要点 ノート

図記号は JIS B0125-1 で規定されています。図記号は油の流れる方向、油圧機器の操作の方法、回転の方向などを表すもので、油圧回路の機能を容易に表現できます。

【5】図記号と回路図

油圧回路図

　回路図とは、図記号を用いて油圧制御システムを表現したものです。この回路図を作成するルールは国際規格のISO1219-2で決められており、JISもこれに準拠したJIS B0125-2が規定されています。
　この規格に基づいて作成した回路図の例を**図1-47**に示します。
　JIS B0125-2は、回路図に油圧機器の形式と油路のつながりの他に、下記の内容を表記するように規定しています。
a）油圧ポンプの可変容量の方式と回転速度、回転方向、吐出流量
b）油圧ポンプの駆動源の種類と大きさ
c）圧力制御の方法と設定圧力
d）流量制御の方法と設定値
e）方向切換えの方法
f）アクチュエータの種類と大きさ、制御速度
g）油タンクの大きさおよび作動油の冷却方法など
　また、作動油の清浄度管理などに関する次のh）〜n）の項目も表記するように規定しています。
h）使用する作動油の種類と粘度特性
i）油タンク内の作動油の使用可能な最大油量と最小油量
j）レベルスイッチで設定する作動油の警報油量と最小油量
k）サーモスタットで設定する作動油の警報温度と最高温度
l）ストレーナのろ過精度（μmで表示する）
m）フィルタのろ過精度（β値で表示する）および目詰まり表示圧力とバイパス弁のクラッキング圧力
n）エアブリーザのろ過精度（μmで表示する）
　このように回路図は、油圧制御システムの機能を表すもので、油圧装置の製造部署から、運転部署や保全部署に至る全ての人にとって、油圧システムの仕様書としての役割を果たしています。
　またJIS B0125-2は、図1-47に示すように図記号のレイアウトについても規定しています。

図記号は原則として油の流れが下から上に、左から右へ流れるように、下記の配置を求めています。
o）油圧ポンプは図面の左下に配置
p）制御する油圧機器は油の流れが上に向かって左から右へ流れるように、そして管路の交差が最小になるように配置
q）アクチュエータは上部に左から右へ配置

また、機器の識別符号、動作説明および設定値は機器および管路の図記号と重複しないようにスペースを設けるように規定しています。

図 1-47　JIS 規格に基づいて作成した回路図の例

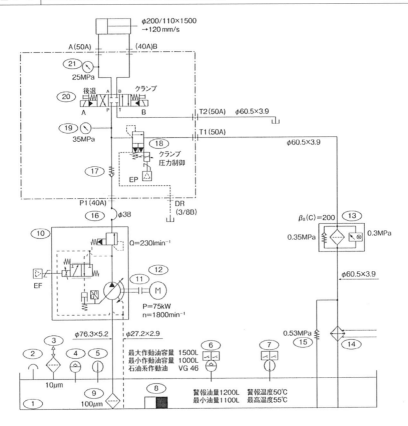

要点　ノート

回路図は油圧制御システムを表すものですが、油圧機器の型式と管路のつながりを表す他に、アクチュエータの条件、油圧ポンプの仕様、設定値、作動油の管理基準、図記号のレイアウトまで規定しています。

6 油圧基本回路

基本回路の分類

　油圧装置は流体エネルギーの圧力、流量と流れの向きをコントロールし直線または回転運動をしています。

　実際には圧力のコントロールは、リリーフ弁で余分な供給流量を逃がしながら制御し、あるいは可変容量形ポンプで必要な量だけの油を供給することによって制御しています。

　速度のコントロールは、1台のシリンダを押す場合や2台のシリンダを同期させながら押す場合、あるいは往復運動で折り返すときのショックをなくしたい場合などで使用する機器と方法は異なります。

　走行用のコントロールは、1台の油圧ポンプで圧力、流量と流れの向きを制御しているものもあります。

　このように油圧機器の組み合わせは、実際のアプリケーションの機械（母機）ごとに異なるほど非常に多く存在します。機能を絞り込み汎用性を持たせた油圧回路が基本回路です。

　この「基本回路」を理解することは、多くの種類の油圧機器の特性と油圧回路の特性を理解することになり、「油圧」を理解する第一歩となります。

　ここでは基本回路を次のように分類し、取り上げた基本回路の例を図1-48に示します。

❶アンロード回路
　アンロード回路とは、システムが待機中に、定容量形ポンプが吐き出す油を最小圧力で油タンクに戻す回路です。

❷圧力制御回路
　圧力制御回路とは、ポンプの吐出圧力の大きさを制御する回路、ポンプの吐出ラインから管路を分岐し、そこを異なる圧力の大きさに制御する回路、圧力を検知することによってアクチュエータを順番に動作させる回路、負荷の重量によってアクチュエータが暴走するのを防止する回路などで、広範囲にわたります。

❸速度制御回路
　速度制御回路とは、アクチュエータの速度を制御する回路ですが、代表的な

方法にメータイン制御、メータアウト制御およびブリードオフ制御があります。

ここに分類される差動回路とは、シリンダから排出した油をタンクに戻さず、シリンダの入口側に流入させ、前進速度を増加させる回路で再生回路とも呼ばれています。

同期回路とは、複数のアクチュエータを同じ時間で動作させる回路です。

❹省エネルギー回路

省エネルギー回路とは、文字どおり油圧装置の消費エネルギーを低減し、油圧の回路効率を改善する回路です。油圧の短所は機械式に比べて、動力伝達のエネルギー効率が劣ると言われており、近年は省エネルギー回路が特に重要と言えます。第2章に詳しく解説したので、そちらを参照してください。

❺その他、ロッキング回路および閉回路

ロッキング回路とは、供給ラインの圧力が低下したときおよび外力が作用したときに、アクチュエータの位置を保持させる回路です。

閉回路とはアクチュエータの戻り油をポンプの吸込み口に直接接続する方法で、回路効率が良く、近年よく見られる回路です。

図 1-48　基本回路の分類

アンロード回路	・中央位置がPT接続(タンデム)の切換え弁による回路	(図1-49)
	・リリーフ弁のベント圧力制御による回路	(図1-50)
	・アンロードリリーフ弁による回路	(図1-51)
	・Hi-Low回路	(図1-52)
圧力制御回路	・リリーフ弁による調圧回路	(図1-53)
	・電磁式比例リリーフ弁による調圧回路	(図1-54)
	・カウンタバランス弁で暴走を防ぐ回路	(図1-55)
	・カウンタバランス弁で反転負荷の暴走を防ぐ回路	(図1-56)
速度制御回路 (1)、(2)	・流量調整弁によるメータイン制御回路	(図1-57)
	・　　　〃　　　　メータアウト　〃	(図1-58)
	・　　　〃　　　　ブリードオフ　〃	(図1-59)
	・方向制御弁による差動回路	(図1-60)
	・シーケンス弁とチェック弁による差動回路	(図1-61)
	・分流弁による同期回路	(図1-62)
	・油圧モータによる　　　〃	(図1-63)
省エネルギー回路	2章の省エネルギー化を参照ください。	
ロッキング回路 閉回路	・パイロットチェック弁によるロッキング回路	(図1-64)
	・オーバセンタポンプによる閉回路	(図1-65)
	・両方向回転ポンプによる閉回路(油圧モータの場合)	(図1-66)
	・両方向回転ポンプによる閉回路(片ロッドシリンダの場合)	(図1-67)

要点 ノート

基本回路を理解することは、多くの種類の油圧機器の特性および油圧回路の特性を理解することになり、油圧を理解する第一歩になります。

6 油圧基本回路

アンロード回路

　ポンプの吐出ラインをタンクに短絡させる方法のうち、図1-49はパイロット形電磁弁で、スプールの中央位置がPT接続のものを用いて短絡させる方法です。パイロット形電磁弁の場合は、直動形と異なりスプールを切り換える時と切換え位置を保持する時はパイロット圧力が必要です。

　この圧力を確保するために、ポンプ吐出ラインにチェック弁を設け、このバルブの手前の圧力をパイロット圧力とする回路です。図1-50はリリーフ弁のベント圧力を下げることによって、リリーフ弁でアンロードさせる方法です。

　いずれもアンロードさせる瞬間に発生しやすいショックに注意を要します。一般にはノッチ付きスプールの使用、スプールの切換え速度を遅くする、ベントラインにショックレス弁またはオリフィスを追加する、などで急激な圧力の落ち込みを防止します。

　図1-51はアキュムレータ回路のアンロードを行うのに、アンロードリリーフ弁を用いる例です。

　ポンプの吐出圧力がバルブの設定圧力に達すると、アンロードリリーフ弁のピストンが針弁を押し続け、主弁を全開とすることによって、ポンプをアンロードさせます。アキュムレータ内の圧力が設定圧力の85%に下がると、針弁が閉じ、主弁も全閉となり、ポンプはアキュムレータに油を充填します。この回路はこの動作を自動的に繰り返します。

　なお、チェック弁の閉め動作の遅れを考慮すると、確実にアンロードをさせるために、外部パイロット形とし、アキュムレータの近傍から安定したパイロット圧力を取るのが望ましいと言えます。

　図1-52は一般にHigh-Low回路と呼んでいるもので、アクチュエータが低圧大流量、高圧小流量を必要とするときに高圧状態で大ポンプを自動的にアンロードさせる方法です。条件は図示のとおりとします。

　運転圧力が5 MPaよりも低いときは両方のバルブは閉じており、両ポンプの油は合流してアクチュエータ側へ流れます。

　運転圧力が上昇し5 MPaを超えると、アンロード弁はパイロット圧力により小ピストンがスプールを押し続け、1次側と2次側の油路を短絡させます。

これによって大ポンプの吐出油はアンロード弁の1次側から2次側ポートを通り、低圧で直接タンクに戻されます。この間、チェック弁は小ポンプの圧油がタンクへ逆流するのを防いでおり、小ポンプの油はアクチュエータ側へ流れ続けます。

運転圧力が更に上昇すると、小ポンプの油はリリーフ弁から逃げて14 MPaを超えないようにコントロールされます。

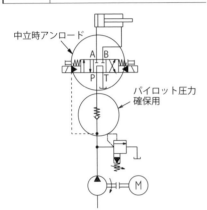

図 1-49 | P→T接続形の方向制御弁による回路

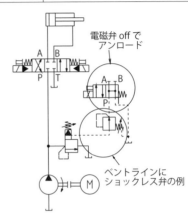

図 1-50 | リリーフ弁のベント圧力制御による回路

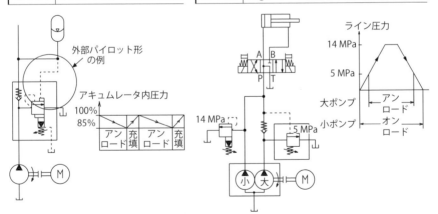

図 1-51 | アンロードリリーフ弁による回路

図 1-52 | High-Low回路

要点 ノート

アンロード回路はいずれの方法でもポンプの吐出油がタンクに短絡し、高圧からいきなり低圧になるときにショックが発生する可能性があり、対策が必要な場合があります。

6 油圧基本回路

圧力制御回路

　図1-53は定容量ポンプの吐出ラインにリリーフ弁を設け、リリーフ弁のベントポートに電磁弁と遠隔操作用リリーフ弁を接続することによって、ポンプの吐出圧力を高圧、中圧およびアンロードの3圧に制御する回路です。

　図1-54は電磁式比例リリーフ弁を使用した例です。リリーフ弁のパイロット部に比例ソレノイドを使用することによって、電気信号に比例して連続的な圧力制御ができます。

　設定圧力が固定でない場合には、比例リリーフ弁を使うことによって、油圧回路が簡素化されるとともに、ベントラインの容積が小さくなり、応答性が速まるメリットがあり、一般に使われています。

　図1-55は、一方向の重力負荷が作用するシリンダの暴走を防ぐ回路です。重力による落下防止のために、シリンダに背圧を発生させる目的で直動形圧力調整弁をカウンタバランス弁として用いています。カウンタバランス弁の設定圧力は、自重発生圧力でスプールが開き落下しないように、自重発生圧力よりも1～2MPa程度高くします。

　下降動作中のシリンダのキャップ側圧力は、シリンダロッド側圧力がカウンタバランス弁で設定した圧力を保持するように低圧でバランスしています。

　上昇動作中はシリンダの戻り管路には抵抗がないため、シリンダロッド側の圧力は自重発生圧力とほぼ同じ大きさになります。

　図1-56は、反転する負荷の場合に、シリンダの暴走を防ぐ回路です。この場合は、補助パイロット付き直動形圧力調整弁をカウンタバランス弁として用います。

　正負荷のときは押し側の圧力を補助パイロットポートに印加し、カウンタバランス弁を開放して戻り側の背圧をゼロにすることによって、動力損失を少なくします。負負荷のときは内部パイロットにし、図1-55と同じ動作でシリンダに背圧を発生させて暴走を防止します。

　本図の例は、スプールに作用する内部パイロット部分と補助パイロット部分（外部パイロット）の受圧面積比率が1対8のもので、補助パイロットでは内部パイロットの1/8の圧力でスプールを開くことができます。

図 1-53　リリーフ弁による調圧回路

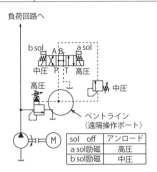

図 1-54　電磁式比例リリーフ弁による調圧回路

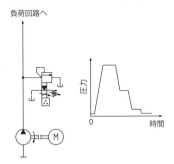

図 1-55　カウンタバランス弁による暴走防止回路

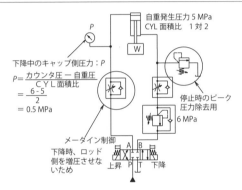

図 1-56　反転負荷の暴走防止回路

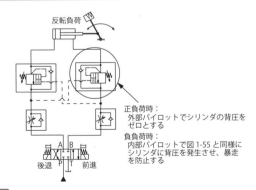

> **要点ノート**
>
> 主な圧力制御回路には、ポンプ吐出圧力を制御するもの、分岐管を異なる圧力で制御するもの、圧力検知により順序動作を制御するもの、アクチュエータの背圧を制御するものなどがあります。

6 油圧基本回路

速度制御回路①
流量調整弁によるメータイン、メータアウト、ブリードオフ制御回路

　図1-57は流量調整弁によるメータイン制御回路を示します。

　ポンプの余剰流量はリリーフ弁から逃がすことになり、ポンプの吐出圧力はこのリリーフ弁の設定圧力になります。なお、リリーフ弁の設定圧力はシリンダ負荷が最大のときに、流量調整弁が必要とする最小の弁差圧を維持できる大きさにしなければなりません。

　メータイン制御は、シリンダ負荷がプラス負荷の場合に使用が制限されます。これはシリンダのピストンの戻り側に背圧が作用せず、ブレーキ力が発生しないため、ロッドを引張るような力が働くマイナス負荷ではシリンダ速度を制御できないためです。

　図1-58は流量調整弁によるメータアウト制御回路を示します。

　メータイン制御と同様に、ポンプの余剰流量はリリーフ弁から逃がすことになり、ポンプの吐出圧力はこのリリーフ弁の設定圧力になります。

　メータイン制御との大きな違いは次の点です。メータイン制御の場合は、シリンダの供給側には負荷の大きさに釣り合った圧力が発生し、戻り側の圧力は常にゼロです。一方、メータアウト制御では、シリンダの供給側はリリーフ弁で設定した圧力が発生します。戻り側圧力の大きさは、油圧の押す力とその反力が釣り合うようにして決まります。なお、反力は負荷の大きさと背圧による力との合力です。

　このため、メータアウト制御はシリンダの負荷がプラス負荷およびマイナス負荷で使用できます。ただし、シリンダ負荷の大きさが変動する場合やシリンダの面積比が大きい場合にはロッド側の圧力が増圧されて、リリーフ弁の設定圧力を超えることがあるので注意が必要です。

　図1-57から図1-59まではメータイン制御、メータアウト制御およびブリードオフ制御における回路特性の違いを分かりやすく表せるように、全て同一条件にして油の流れを表しています。

　図1-59は流量調整弁によるブリードオフ制御回路を示します。

　動作中のリリーフ弁は閉じたままであり、ポンプの吐出圧力は負荷の大きさに見合った圧力しか発生せず、省エネルギーの回路となります。

ただし、ブリードオフ制御ではポンプの吐出流量の変動がシリンダ速度に直接影響するので注意が必要です。また、ブリードオフ制御もメータイン制御と同じようにシリンダ負荷はプラス負荷だけに制限されます。

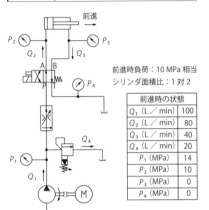

図 1-57 流量調整弁によるメータイン制御回路

前進時負荷：10 MPa 相当
シリンダ面積比：1 対 2

前進時の状態	
Q_1 (L／min)	100
Q_2 (L／min)	80
Q_3 (L／min)	40
Q_4 (L／min)	20
P_1 (MPa)	14
P_2 (MPa)	10
P_3 (MPa)	0
P_4 (MPa)	0

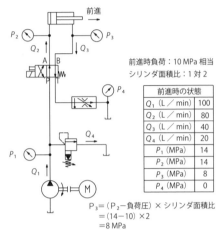

図 1-58 流量調整弁によるメータアウト制御回路

前進時負荷：10 MPa 相当
シリンダ面積比：1 対 2

前進時の状態	
Q_1 (L／min)	100
Q_2 (L／min)	80
Q_3 (L／min)	40
Q_4 (L／min)	20
P_1 (MPa)	14
P_2 (MPa)	14
P_3 (MPa)	8
P_4 (MPa)	0

$P_3 = (P_2 - 負荷圧) \times$ シリンダ面積比
$= (14-10) \times 2$
$= 8$ MPa

図 1-59 流量調整弁によるブリードオフ制御回路

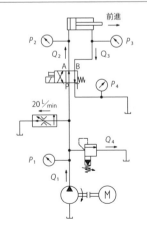

前進時負荷：10 MPa 相当
シリンダ面積比：1 対 2

前進時の状態	
Q_1 (L／min)	100
Q_2 (L／min)	80
Q_3 (L／min)	40
Q_4 (L／min)	0
P_1 (MPa)	10
P_2 (MPa)	10
P_3 (MPa)	0
P_4 (MPa)	0

要点 ノート

メータイン制御はアクチュエータに負荷に見合った圧力しか発生せず、メータアウト制御はプラス、マイナス両方向の負荷でも制御でき、ブリードオフ制御は省エネルギータイプになる特徴があります。

6 油圧基本回路

速度制御回路②
差動回路と同期回路

　図1-60は方向制御弁を用いて差動回路を構成する方法です。一般に差動回路は面積比が1対2のシリンダのロッド側とキャップ側の管路を短絡させ、このシリンダの面積差を利用して前進方向への推進力を得ています。

　差動回路のまま、シリンダが前進限で押す力は、ポンプ吐出圧力がロッド断面積に作用する大きさで、小さな値のため、一般にV_3の方向制御弁をOFFにしてロッド側の背圧を下げ、押す力を最大にしています。

　また、差動にパイロット形電磁弁を使用する場合は、Tポートに圧力が作用します。スプールを確実に切り換えるため、外部パイロット、外部ドレン形にして、スプールの切換力を高めるのが望ましい。

　その他、前進中の差動回路はシリンダのロッド側ポートからとキャップ側で合流する個所までの流れ抵抗が大きいと推力が足りず、所定の速度が得られない場合があります。

　図1-61はシーケンス弁およびチェック弁を用いて差動回路を構成する方法です。こちらは前進中に負荷が大きく変わるプレス機械などに適しています。

　負荷が小さい間はシーケンス弁が閉じており、戻り油はチェック弁を通り供給側に流入します。ポンプ吐出圧力がシーケンス弁の設定圧力に達すると、シーケンス弁は開き、ロッド側をタンクに接続し、自動的にシリンダの推力を最大とするものです。

　図1-62は分流弁を用いて同期を取る例、図1-63は容量の同じ油圧モータを同軸で連結することによって同期を取る例です。

　同期回路では、アクチュエータの停止位置の精度と補正回路に注意する必要があります。

　分流弁の場合も差圧補償スプールがあり、精度は3～10%程度ですが、遅れた方のシリンダの油路が遮断されるため、補正回路を必要とします。

　油圧モータ方式の場合、精度はモータの容積効率に大きく影響されるため、高効率な同期回路専用の油圧モータを使用します。精度は5%以下ですが位置誤差を補正するための過大圧力防止およびキャビテーション防止の補正回路が必要です。

第1章 油圧の基礎知識

図 1-60　方向制御弁を用いた差動回路

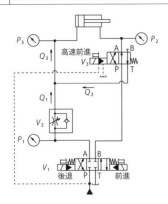

差動回路での前進高速速度：V

$$V = \frac{Q_1}{キャップ側面積 - ロッド側面積}$$

差動回路での所要供給圧力：P_1

$$P_3 = \frac{シリンダ負荷}{キャップ側面積 - ロッド側面積} + V_3 の圧力損失$$

$P_1 = P_3 + V_2 の圧力損失$

図 1-61　シーケンス弁およびチェック弁を用いた差動回路

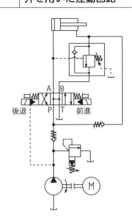

図 1-62　分流弁を用いた同期回路

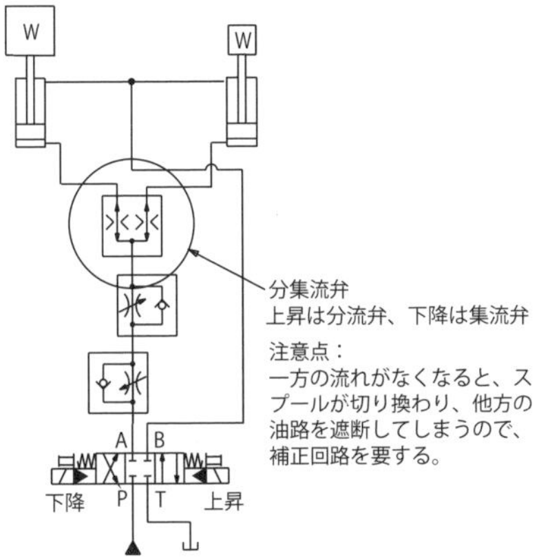

分集流弁
上昇は分流弁、下降は集流弁

注意点：
一方の流れがなくなると、スプールが切り換わり、他方の油路を遮断してしまうので、補正回路を要する。

図 1-63　油圧モータを同軸で連結する同期回路

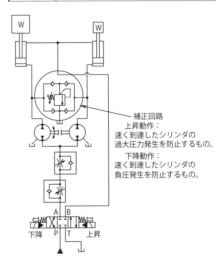

補正回路
上昇動作：
速く到達したシリンダの過大圧力発生を防止するもの。
下降動作：
速く到達したシリンダの負圧発生を防止するもの。

> **要点ノート**
> 差動回路は高速前進時の速度を確保するために、ロッド側とキャップ側を短絡する管路の圧力損失に注意し、同期回路では位置誤差を修正する補正回路に注意が必要です。

6 油圧基本回路

ロッキング回路、閉回路

　図1-64は電磁弁のスプールの内部漏れの影響でシリンダが移動するのを防ぎ、またシリンダの両方向の外力にも動かないようにするためのパイロットチェック弁を用いたロッキング回路です。

　図1-65は閉回路の代表的な例で、オーバセンタポンプを用いて、駆動軸の回転方向を変えることなくポンプの吐き出し方向を反転しています。

　同図に示すように、閉回路では方向制御弁、流量調整弁、カウンタバランス弁などがありません。これは、油の流れ方向、吐出流量は全て油圧ポンプが制御するためです。また、減速時は閉回路特有のブレーキ作用が働くため、カウンタバランス弁も不要です。これは減速時にポンプの傾転角度を小さくしたときに、油圧モータは慣性力で同じ速度で回ろうとし、油圧モータの戻り側に背圧が立ち、ブレーキ作用として働くためです。

　このため、この閉回路は回路効率が高い特徴を有し、車両のHSTなどによく使われています。

　しかし、図1-65のようにポンプが常時回転している閉回路では、作動油は回路内を循環するだけであり、油温の上昇が問題となります。空冷で賄えない大型システムの場合は、一般に少容量（メインポンプの10〜20％程度）の定容量形のフィードポンプとフラッシング弁を設けて、閉回路内の作動油を入れ替えます。

　実用的にはフィードポンプ回路には、次の機能を持たせています。
・油圧ポンプの吸込みポートにブースト圧力を確保することによって、キャビテーションの発生を防止する。
・フラッシング弁の戻りラインにフィルタと油クーラを設置し、作動油のフィルトレーションおよび冷却を行う。

　一方、産業機械では、両方向に回転できる定容量形ポンプをACサーボモータで運転する閉回路もあり、これを図1-66および図1-67に示します。

　いずれも母機が必要なときだけポンプを運転するため、熱発生も少なく、小容量のタンクで対応しています。

　図1-67はシリンダを駆動する閉回路の例です。

片ロッドシリンダの場合には、供給側と戻り側に流量の差が生じます。前進時は戻り側の流量の不足分を、タンクからパイロットチェック弁を通して吸い込ませています。後退時は余剰な戻り流量はパイロットチェック弁を通してタンクへ戻しています。

なお、閉回路は基本的に1台のポンプで1つのアクチュエータを駆動する制御システムになります。

| 図 1-64 | パイロットチェック弁を用いたロッキング回路 | 図 1-65 | オーバセンタポンプによる閉回路 |

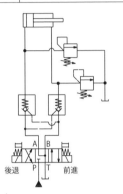
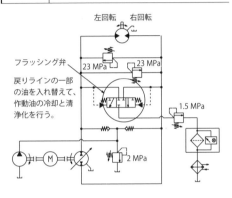

| 図 1-66 | 両方向回転ポンプによる閉回路（油圧モータの場合） | 図 1-67 | 両方向回転ポンプによる閉回路（片ロッドシリンダの場合） |

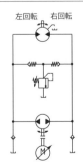
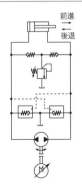

要点 ノート

ロッキング回路はアクチュエータの位置を保持する回路です。閉回路は1ポンプで1アクチュエータの動きを制御する回路ですが、圧力・流量・方向を制御するバルブがなく、回路効率の高い制御システムです。

コラム

● ロールギャップ調整装置 ●

　以前、フィルムの巻き取り機械の油圧装置を設計していたことがありますが、あるとき、磁気テープの製造方法の話を聞きました。

　磁気テープはフィルムの素材に磁性体材料をコーティングしますが、膜厚はミクロンオーダで、ロールのギャップの精度は±数μmでした。従来は、くさびを利用してローラのギャップを調整し、コーティングの膜厚を決めていました。しかし、くさびの摩擦の不安定によるスティックスリップとロールの長手方向の平衡ギャップの設定には熟練を要し、時間が掛かるとのことでした。

　東京計器は圧力計を最初に開発した会社ですが、これはブルドン管のひずみを利用しています。これにヒントを得て、圧力容器のひずみを利用して、ロールのギャップ制御が可能と思いつき、実用化しました。

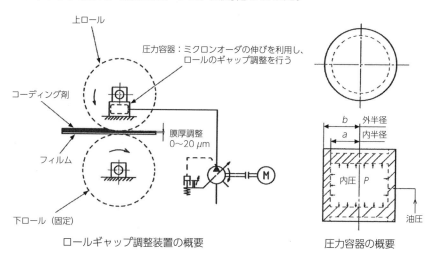

ロールギャップ調整装置の概要　　　　　圧力容器の概要

　上図に圧力容器によるロールギャップ装置の概要を示しますが、圧力容器の伸びεは次式のように、圧力Pに比例し、油圧で容易にミクロンオーダのギャップ調整が得られました。

$$\varepsilon = \frac{1}{E(b^2-a^2)} \left(\frac{F}{\pi} - 2va^2P \right)$$

　ここに、E：ヤング率、v：ポアソン比、F：ロール重量などの下向きの力
　これは、後に特許庁の実用新案を取っています。

【 第**2**章 】

これだけは知っておきたい
油圧化の段取り

1 省エネルギー化

制御方式による動力損失の比較

　油圧装置の動力損失の様子は図1-6に示しましたが、実際の動力損失の大きさは、油圧の回路構成や使用条件によって異なり複雑です。

　また、動力損失はエネルギー消費を増大させるとともに、多くは熱エネルギーに変換され、作動油の劣化を早め、油圧装置の不具合発生の原因になりやすいため、この動力損失を減らすことが重要です。

　そこで、各制御回路を簡単なモデルとし、消費エネルギーを比較したものを図2-1に示します。

　図2-1では、①定容量ポンプを用い、余剰流量をリリーフ弁からタンクに逃がす方式、②圧力補償形の可変容量ポンプを用い、シリンダが必要な流量のみを吐出する方式、③定容量ポンプに差圧リリーフ弁を用い、ポンプ吐出圧力を負荷圧に合致させる方式、および④シリンダが必要とする圧力-流量を供給するロードセンシング方式の4つを比較しています。

❶定容量ポンプ方式
　定容量ポンプの場合は、余剰流量を常にリリーフ弁から逃がすため動力損失が大きく、回路効率ηは低くなります。

❷圧力補償形可変容量ポンプ方式
　流量マッチ制御とも呼ばれており、圧力変動が少ないシステムでは回路効率が良くなります。

❸定容量ポンプの圧力マッチ制御方式
　圧力マッチ制御は、差圧リリーフ弁を追加して定容量ポンプの吐出圧力を常にシリンダ負荷圧力にバランスさせながら余剰油をタンクに逃がす回路です。通常、差圧リリーフ弁は負荷圧力より0.6～0.8 MPa程度高い圧力でタンクへ逃がします。流量変動の少ないシステムでは回路効率が良くなります。

❹ロードセンシング制御方式
　ロードセンシング制御は、可変容量ポンプにロードセンシング弁を設け、常に流量制御弁の差圧を一定に保つように吐出量を制御する方式で、省エネルギー回路の代表的なものです。

第2章 油圧化の段取り

なお、P_L ：シリンダ負荷圧力（MPa）　　Q_L：シリンダ所要流量（L/min）
　　　PおよびP_S：ポンプ吐出圧力（MPa）　　Q：ポンプ吐出流量（L/min）

図 2-1 各制御方式による消費エネルギーの比較

制御方式	油圧回路	圧力 – 流量特性	回路効率
定容量ポンプ	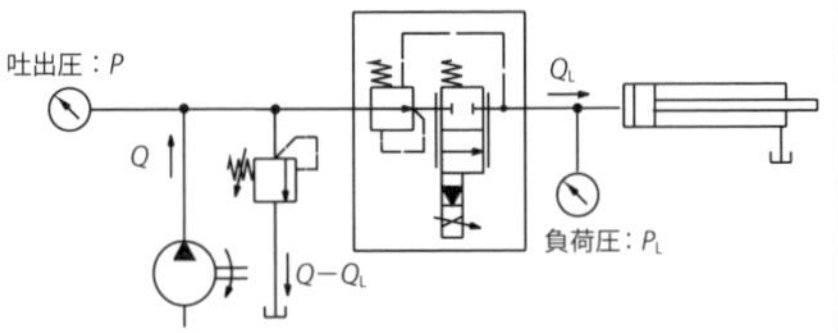 吐出圧：P、Q、Q_L、負荷圧：P_L、$Q-Q_L$	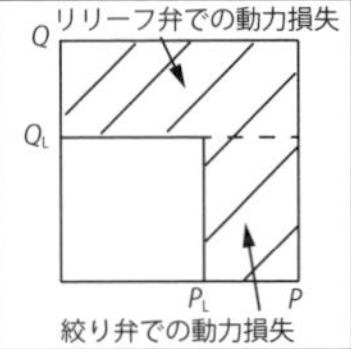 リリーフ弁での動力損失、絞り弁での動力損失	$\eta = \dfrac{P_L \times Q_L}{P \times Q}$
可変容量ポンプ 流量マッチ制御	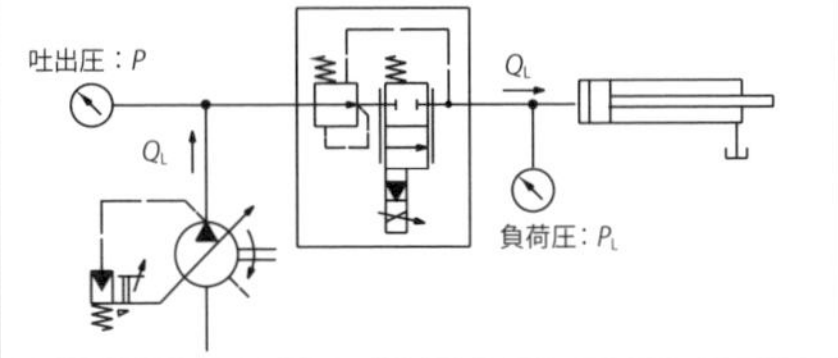 吐出圧：P、Q_L、負荷圧：P_L	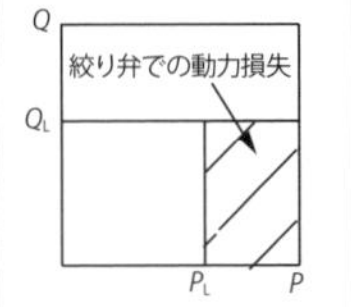 絞り弁での動力損失	$\eta = \dfrac{P_L}{P}$
圧力マッチ制御	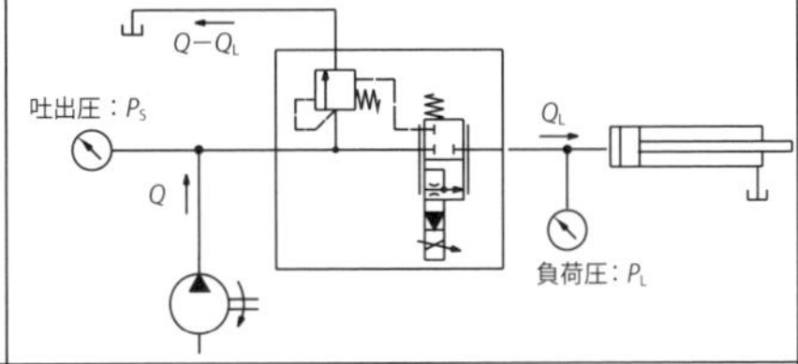 $Q-Q_L$、吐出圧：P_S、Q、Q_L、負荷圧：P_L	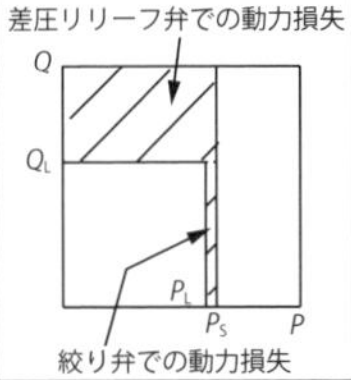 差圧リリーフ弁での動力損失、絞り弁での動力損失	$\eta = \dfrac{P_L \times Q_L}{P_S \times Q}$
ロードセンシング制御	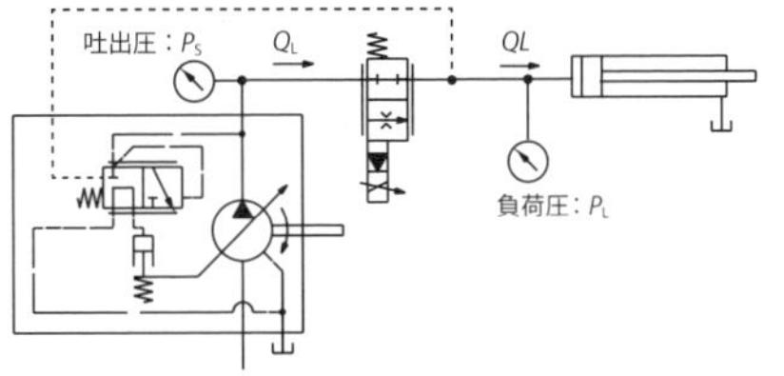 吐出圧：P_S、Q_L、Q_L、負荷圧：P_L	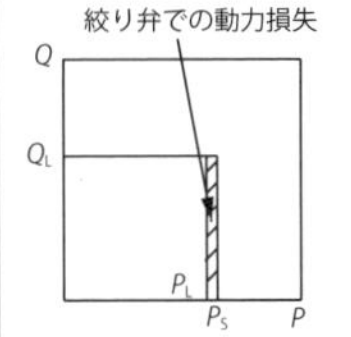 絞り弁での動力損失	$\eta = \dfrac{P_L}{P_S}$

なお、圧力 – 流量特性において

- 四角形 $P_L \times Q_L$ の面積はシリンダの有効動力を示す。
- 斜線部分の面積は動力損失を示す。

要点 ノート

油圧装置は同じ仕事をさせるにも制御方式によって消費エネルギーが大きく異なります。省エネルギー化のためには、最もふさわしい制御回路の選択が大切です。

1 省エネルギー化

油圧機器の動力損失

　油圧装置の動力損失を定量的に把握する必要があります。実用的にはポンプ、油圧モータ、シリンダ、各バルブおよび管路の動力損失を数値化します。この概要を図2-2に、また具体的な求め方を下記に示します。

　なお、ポンプの全効率は表1-8に、油圧モータの全効率は表1-9に載せてありますが、回転速度、圧力、流量によって異なるため、詳細はメーカーのカタログで確認する必要があります。

❶ポンプの動力損失

$$\text{ポンプの動力損失} \quad W_1(\text{kW}) = \frac{P \times Q}{60\eta_t}(1-\eta_t) \qquad (2\text{-}1)$$

ここに、P：ポンプ吐出圧力（MPa）
　　　　Q：ポンプ吐出流量（L/min）
　　　　η_t：ポンプの全効率　$\eta_t = \eta_v \times \eta_m$
　　　　η_v：ポンプの容積効率
　　　　η_m：ポンプのトルク効率

❷油圧モータの動力損失

油圧モータの動力損失は、概略、ポンプと同じです。

$$\text{油圧モータの動力損失} \quad W_2(\text{kW}) = \frac{P_L \times Q_L}{60}(1-\eta_t) \qquad (2\text{-}2)$$

ここに、P_L：油圧モータの負荷圧力（MPa）
　　　　Q_L：油圧モータへの供給流量（L/min）
　　　　η_t：油圧モータの全効率

❸シリンダの動力損失

$$\text{シリンダの動力損失} \quad W_3(\text{kW}) = \frac{P_L \times Q_L}{60}(1-\lambda) \qquad (2\text{-}3)$$

$$\text{シリンダの推力効率} \quad \lambda = \frac{W}{P \times A} \qquad (2\text{-}4)$$

　シリンダの推力効率λは、シリンダが実際に出す力Wと理論シリンダ力との比率を言い、通常0.93～0.97程度とされています。

ここに、P_L：シリンダの負荷圧力（MPa）
　　　　Q_L：シリンダへの供給流量（L/min）
　　　　W：シリンダが実際に出す力（N）
　　　　P：使用圧力（MPa）
　　　　A：ピストンの有効面積（mm²）

❹各バルブおよび管路の動力損失

各バルブおよび管路の動力損失　$W_4\text{(kW)} = \dfrac{\Delta P \times Q}{60}$　　　　(2-5)

ここに、ΔP：圧力損失（MPa）
　　　　Q：通過流量（L/min）

　真っすぐな管路の圧力損失は、式（1-6）から、また管路途中のエルボやティーの継手部分の圧力損失は、式（1-7）から求めます。
　各バルブの圧力損失は、メーカーのカタログから求めます。

図 2-2　油圧機器の動力損失

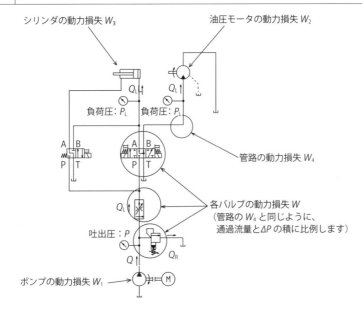

要点 ノート

省エネルギー化のためには、各油圧機器の動力損失の大きさを数値化し、定量的に把握し、全体的にバランスの取れた機器を選択することが大切です。作動油の粘度を考慮する場合もあります。

1 省エネルギー化

流量マッチ制御と圧力マッチ制御

❶流量マッチ制御

　図2-3に流量マッチ制御の油圧回路例を、図2-4にポンプの圧力-流量特性を示します。

　流量マッチ制御は、圧力補償形（pressure compensatorの略で、以下PC弁と呼びます）可変容量ポンプと圧力補償付きの流量調整弁で油圧回路を構成します。

　流量調整弁によって負荷流量をQ_Lにすると、ポンプ吐出圧力は、負荷圧力によらず、このポンプの圧力-流量特性のP-Q線上の$Q = Q_L$に対応する圧力Pとなります。

　ポンプ吐出量は、負荷圧力によらず常に負荷流量Q_Lに一致するので「流量マッチ制御」とも呼んでいます。

　ポンプが余剰に消費する動力は、$W = Q_L \times (P - P_L)$です。

　したがって、負荷流量の調整幅は広いが、負荷圧力の変動が比較的小さい場合には、この流量マッチ制御は回路効率の良いシステムが得られ、工作機械のチャッキングなどの圧力保持が主体のシステムではよく用いられます。

❷圧力マッチ制御

　図2-5に圧力マッチ制御の油圧回路例を、図2-6に圧力マッチ制御の動力損失を示します。

　圧力マッチ制御は、ギヤポンプやベーンポンプなどの定容量形ポンプと差動形リリーフ弁および流量制御弁（圧力補償機能は必要なく絞り弁機能のもの）で構成します。

　圧力マッチ制御は、流量制御弁の前後の圧力を作動形リリーフ弁の1次および2次パイロットポートに導いて、流量制御弁の前後差圧ΔPが常に一定になるように、ポンプの余剰流量を差動形リリーフ弁からタンクへ逃がす方式です。

　この制御は、負荷流量によらず常にポンプ圧力は負荷圧力とほぼ一致させることができるために、圧力マッチ制御と呼んでいます。またメータイン・ブリードオフ制御と呼ぶこともあります。

圧力マッチ制御の動力損失は、$W = (Q - Q_L)P_L + Q\Delta P$ です。

したがって、圧力マッチ制御は負荷圧力の変動は激しいが、負荷速度の調整幅が比較的小さい場合には回路効率が良くなります。

図 2-3 流量マッチ制御回路

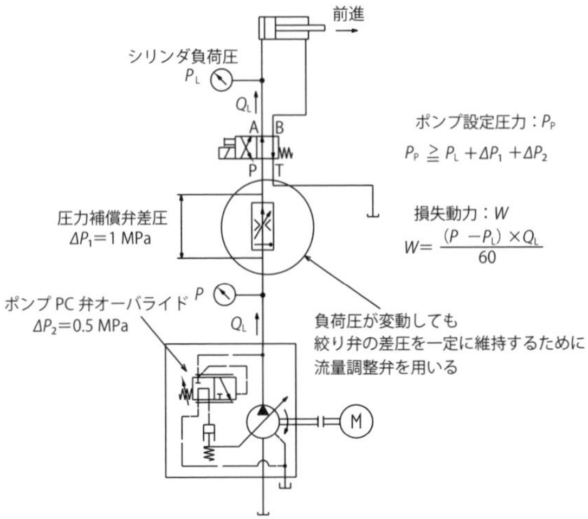

図 2-4 ポンプの圧力－流量特性

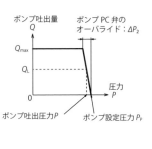

図 2-5 圧力マッチ制御回路

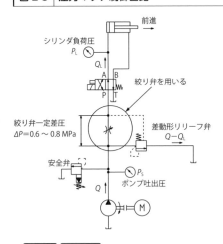

図 2-6 圧力マッチ制御の動力損失

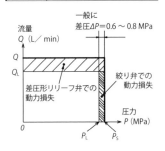

> **要点 ノート**
> 流量マッチ制御は負荷流量の調整幅が広く、負荷圧力の変動が比較的小さいものは回路効率が良く、圧力マッチ制御はその逆で、負荷圧力の変動が大きく、負荷速度の調整幅が比較的小さいものは回路効率が良くなります。

【1】省エネルギー化

ロードセンシング制御と電気ダイレクト制御

❶ロードセンシング制御

図2-7にロードセンシング制御の油圧回路例を、図2-8にロードセンシング制御の動力損失を示します。

ロードセンシング制御は、ロードセンシング弁（load sensingの略で、以下LS弁と呼びます）によってシリンダが必要とする圧力、流量だけを供給するシステムです。

LS弁はPC弁とよく似ていますが、相違点は、PC弁ではスプリング室がポンプハウジングに開放され、LS弁では絞り弁の下流側に接続されることです。

$ΔP$が大きくなるとコントロールシリンダ内の圧力が高くなるようにLS弁が動き、ポンプ吐出量を減少させ、逆に$ΔP$が小さくなるとコントロールシリンダ内の圧力が下がるようにLS弁が動き、ポンプ吐出量を増大させます。

したがって、ポンプは$ΔP$が常に一定になるように制御されることになり、負荷流量とポンプ吐出流量は常に一致します。また、ポンプ吐出圧力は負荷圧力よりも$ΔP$だけ高い圧力になります。

なお、ロードセンシング制御の場合にはポンプ吐出圧力は負荷圧力に追従してしまうため、シリンダエンドでの昇圧を防ぐために圧力制御弁が必要です。

このロードセンシング制御は、回路効率の良いシステムであり建設機械などでよく使われています。

❷電気ダイレクト制御

図2-9に電気ダイレクト制御の油圧回路例を、図2-10に電気ダイレクト制御の静特性を示します。

電気ダイレクト制御とは、可変容量形ポンプの可変機構を電気信号で直接制御する方式で、ポンプに傾転角（流量）センサと圧力センサを搭載しており、専用のコントローラへ電気信号を与えることによって、ポンプ自身で流量-圧力をフィードバック制御するものです。

負荷に必要な流量-圧力を制御する点ではロードセンシング制御と同様ですが、電気ダイレクト制御は流量-圧力のフィードバック制御を行っており、流量-圧力特性の直線性が優れており、各種産業機械でのプログラム制御によく

使われています。

図 2-7 ロードセンシング制御回路

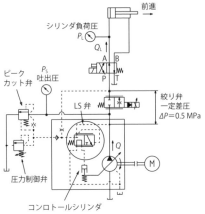

図 2-8 ロードセンシングの動力損失

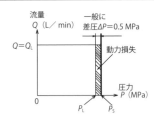

図 2-9 電気ダイレクト制御回路

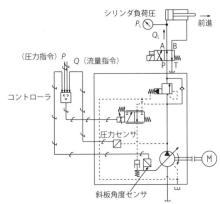

図 2-10 電気ダイレクト制御の静特性

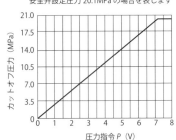

要点 ノート

ロードセンシング制御は省エネルギー回路の代表的なものです。電気ダイレクト制御は流量−圧力の直線性が優れており、プログラム制御を行う産業機械の省エネルギー回路によく使われています。

1 省エネルギー化

アキュムレータによる圧力保持

　アキュムレータは、流体のエネルギーを蓄える圧力容器で、省エネルギー化に有効なシステムが構築できます。

　その構造から、重力式、ばね負荷ピストン式、気体式などに分類できます。現在はガスと油が混ざらないこと、応答が早く取り扱いが容易などの理由によってほとんどブラダ形を使用しています。

　ブラダ形アキュムレータの構造は、本体とブラダ（窒素ガスと流体を分離するゴム製の膜）、給気弁（窒素ガスの封入口）とポペットからなっています。

　アキュムレータが気体の圧縮、膨張によって流体を蓄積・吐き出す仕組みは図2-11のとおりです。

①準備段階：窒素ガス封入時の状態です。ブラダが本体内面いっぱいに膨らみます。

②蓄圧：流体の圧力が窒素ガス封入圧力より高くなると、窒素ガスが圧縮され、エネルギーが蓄積されます。圧縮した体積分のエネルギーを蓄積します。

③吐き出し：流体の圧力が下がると、窒素ガスが膨張し、蓄積されたエネルギーを放出します。

　これがアキュムレータの作動原理です。

　アキュムレータは、油エネルギーを蓄積できるとともに短時間に大容量の油を吐き出すことができます。溶融金属を瞬時に成形するダイカストマシンは数千〜数万L/minの流量を必要とし、アキュムレータが必須となっています。

　また、アキュムレータは蓄圧した圧油を用いることによって、ポンプを停止させたままのクランプ動作が可能で、ポンプの動力損失を減らすためよく使われています。図2-12はアキュムレータによる圧力保持の応用例です。

　アキュムレータ内の圧力が圧力スイッチの下限設定圧以下になるとポンプを回し、上限設定圧になるとポンプを停止します。アキュムレータに蓄圧された圧油によって長時間クランプを保持する例です。

図 2-11　流体を蓄積・吐き出す仕組み

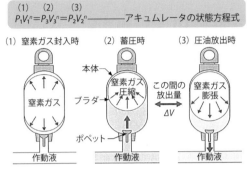

$$P_1V_1^n = P_3V_3^n = P_2V_2^n \quad \text{アキュムレータの状態方程式}$$

(1) 窒素ガス封入時　(2) 蓄圧時　(3) 圧油放出時

$$\Delta V = \frac{V_1 \cdot P_1^{\frac{1}{n}}(P_3^{\frac{1}{n}} - P_2^{\frac{1}{n}})}{(P_2 \cdot P_3)^{\frac{1}{n}}}$$

ここに、ΔV：アキュムレータの吐出量（L）
V_1：アキュムレータの容量（L）
V_2：P_2時のガス容積（L）
V_3：P_3時のガス容積（L）
P_1：ガス封入圧力（MPa）
P_2：最低作動圧力（MPa）
P_3：最高作動圧力（MPa）
n：ポリトロープ指数

図 2-12　アキュムレータによる圧力保持

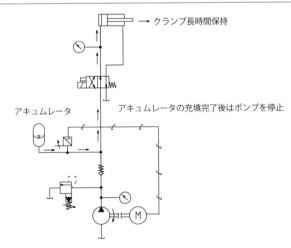

要点ノート

アキュムレータは圧油を蓄圧し、かつ大流量を流すことができる特徴があります。このためポンプを停止させてのクランプ動作や、ポンプを小型化させたりすることができ、ポンプの動力損失を減らすことができます。

【1】省エネルギー化

回転速度制御および省エネルギー性の比較

❶回転速度制御

図2-13に回転速度制御方式の油圧ポンプシステムを示します。

回転速度制御方式とは、一般に定容量形ポンプの回転速度を変えて流量－圧力制御を行う方式で、圧力制御のときにはポンプは正逆両回転します。

このポンプの回転速度制御にはACサーボモータを用い、ACサーボモータの回転速度信号およびポンプの吐出圧力信号をフィードバックしています。

モータの回転速度をフィードバックするシステムのため、アクチュエータが停止しているときはACサーボモータも停止し、圧力制御のときは油圧回路の漏れを補うだけであり、モータの回転速度は極低速となります。

このため回転速度制御は、省エネルギー性と低騒音とが大きな特徴です。

最近は高効率のパワー素子および高速CPUが低価格で入手できる環境が整い、一般産業機械の市場ではACサーボモータによる回転速度制御方式が多く見られます。

❷省エネルギー性の比較

各ポンプ制御の省エネルギー性は使用条件によって異なるため、評価するのは難しいですが、全て同一条件で消費電力を算出したものを示します。

比較するポンプの制御方式は次の4つです。
①定容量形ポンプとバイパス形流量制御弁を用いる圧力マッチ制御
②ロードセンシング制御
③電気ダイレクト制御
④回転速度制御

負荷条件は、射出成形機を想定したもので、図2-14に1サイクルの流量－圧力条件を示します。

この条件における4つの制御方式の消費電力と回路効率の比較を表2-1に示します。

定容量ポンプに比べて可変ポンプにすることで大幅に省エネルギーになることがわかります。また、ギヤポンプやベーンポンプなどの定容量ポンプによる回転速度制御は、最も回路効率を高くできることもわかります。

図 2-13 回転速度制御方式

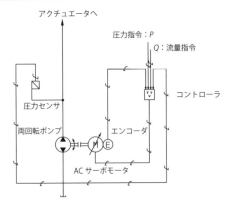

図 2-14 流量 - 圧力 1 サイクル図

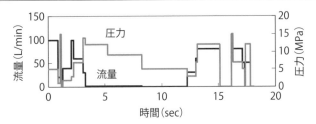

表 2-1 省エネルギー性の比較

	負荷動力 (kW)	消費電力 (kWh)	回路効率 (%)
定容量ポンプの圧力マッチ制御方式	3.74	19	20
ロードセンシング制御方式	3.74	6.88	54
電気ダイレクト制御方式	3.74	6.32	59
回転速度制御方式	3.74	5.09	73

> **要点 ノート**
>
> 回転速度制御は定容量ポンプを両方向に回転させて、流量 - 圧力を制御するシステムで、アクチュエータが止まっているときはポンプも停止しています。回転速度制御は省エネルギー性が高く、低騒音になるのが特徴です。

【2】低騒音化

音の特性と騒音レベル

　騒音とは、心理的、生理的に有害な音であり、人間に対して、自覚がなくても生理的影響を与えます。

　30 dBを超えると不快感が出始め、40 dBで睡眠が妨害され、60 dBを超えると会話が妨害され、作業能率も低下し、85 dBを超えると聴力障害が出ると言われています。

　標準的な音の騒音レベルと悪影響について比較したものを、図2-15に示します。

　騒音の単位には、デシベル（dB）を用います。

　騒音レベルとは、聴覚補正する騒音計で測定した音の大きさのことです。人間の耳の感度は周波数によって異なるため、これを補正しています。人間が聞こえる最も弱いレベルを0 dBとしています。

　騒音レベルL_{PA}（dB）は次式で定義しています。

$$L_{PA} = 10 \log_{10} \frac{P_A^{\ 2}}{P_0^{\ 2}} \text{（dB）}$$

$$L_P = 10 \log_{10} \frac{P^2}{P_0^{\ 2}} \text{（dB）}$$

　ここに、P_A（Pa）：A特性で聴覚補正した音圧
　　　　　P_0（Pa）：基準となる音圧の実効値（= 20 μPa）
　　　　　L_P（dB）：音圧レベル
　　　　　P（Pa）：音圧の実効値

❶音の特性（1）

　音の大きさは、音源から離れるほど減衰します。

　音源からの距離r_1の騒音レベルがL_1（dB）のとき、距離rでの騒音レベルは次式で表します。

$$L = L_1 + 10 \log_{10} \left(\frac{r_1}{r}\right)^2 \text{（dB）} \qquad (2\text{-}6)$$

　したがって、距離が2倍になると騒音レベルは6 dB下がります（下式）。

$$L = L_1 + 10 \log_{10}\left(\frac{r_1}{2r_1}\right)^2 = L_1 + 10 \log_{10} 0.25 = L_1 - 6 (\mathrm{dB})$$

❷音の特性（2）

2つの音が重なるとき、合成される騒音レベルは対数で計算します。音の強さがI_xの音とI_yの音が合成された騒音レベルは次式で表します。

それぞれの騒音レベルをX、Yおよび$X + Y$とすると、

$$X = 10 \log_{10} \frac{I_x}{I_0} \ (\mathrm{dB})、\ Y = 10 \log_{10} \frac{I_y}{I_0} \ (\mathrm{dB})$$

$$X + Y = 10 \log_{10} \frac{I_x + I_y}{I_0} \tag{2-7}$$

ここに、I_0：基準となる音の強さ（$= 10^{-16} \mathrm{W/cm^2}$）
（なお、可聴範囲の音の強さは$10^{-16} \sim 10^{-4} \mathrm{W/cm^2}$です）

したがって、音の強さが等しい2つの音が合成されると、騒音レベルは3 dB上昇します（下式）。

$$X + Y = 10 \log_{10} \frac{2I_x}{I_0} = 10 \log_{10} 2 + 10 \log_{10} \frac{I_x}{I_0} = 3 + X (\mathrm{dB})$$

音の強さとは、単位面積を単位時間に通過する音のエネルギーのことで、次式で定義しています。

$$I = \frac{P^2}{\rho c} \times 10^{-7} \ (\mathrm{W/cm^2})$$

ここに、P：音圧
  ρ：空気の密度
  c：音速

図 2-15 | 音の騒音レベルとその影響

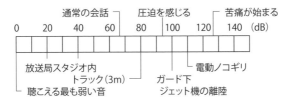

> **要点 | ノート**
> 騒音とは有害な音のことで、大きくなると聴力障害や作業能率低下などの悪影響が生じます。音の大きさはデシベル単位の騒音レベルで表し、対数で計算します。同じ強さの音が合わさると3 dB大きくなります。

2 低騒音化

油圧装置の騒音レベル

　油圧装置の騒音は、主にポンプからの直接放射音（これを空気伝播騒音と言います）、ポンプ吐出油の圧力脈動が機械本体の固体壁を振動させることによって生じる音（これを流体伝播騒音と言います）およびポンプとその駆動源（電動機など）の機械振動がブラケットや鋼管配管などを伝わって、機械本体の固体壁を振動させ生じる音（これを構造伝播騒音と言います）の合成音です。

　この他にも管路の振動によって生じる音やバルブの切換え音やキャビテーションによる流体音などがあります。

　油圧装置の騒音の概要を図 2-16 に示します。

　油圧装置の騒音レベルはどの程度でしようか？

　日本フルードパワー工業会は 2012 年 4 月に各社の油圧ポンプカタログデータに基づく騒音レベルを調査しました。その調査結果を図 2-17 に示します。調査対象のポンプは、ピストンポンプ、ベーンポンプおよびギヤポンプです。

　騒音測定データは、無響音室で行い、ポンプ軸線上の後方 1 m の位置におけるもので、回転速度 1800 min^{-1}、吐出圧力 14 MPa の条件のものです。

　一部の機種については回転速度 1200 min^{-1}、吐出圧力 14 MPa のデータもあります。

　ピストンポンプは三角印（▲）で表し、ベーンポンプは四角印（□）で、ギヤポンプは丸印（○）で表しています。

　回転速度が 1800 min^{-1} のデータのみを対象とし、ピストンポンプとベーンポンプの騒音レベルを回帰直線で表すと次のようになります。

　ピストンポンプ：$N = 11.6 \times \log_{10}L + 53.7$

　ベーンポンプ：$N = 8.4 \times \log_{10}L + 53.3$

　ここに、N：騒音レベル（dB）

　　　　　L：流体動力（kW）

　なお、これらのデータは無響音室で測定したものであり、ポンプ単体の直接放射音だけの騒音レベルです。実際の据付け環境における騒音は、これに機械本体の固体壁を振動させて生じる音などが加わるため、大きく変化するので扱

いには注意が必要です。大まかな傾向を予測するには有効となります。
　詳細な条件での騒音レベルは、メーカーのカタログなどで確認します。

図 2-16　油圧装置の振動伝播による騒音の概要

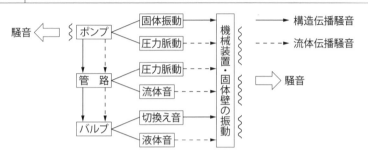

図 2-17　油圧ポンプの騒音レベル（1800 min^{-1}、14 MPa）

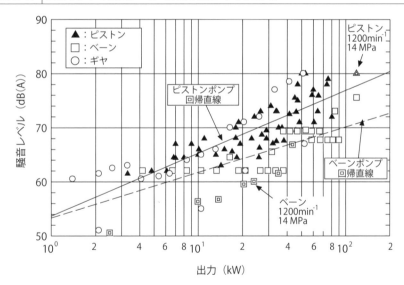

> **要点　ノート**
> 油圧装置の騒音はポンプ単体音の他に、ポンプ吐出油の圧力脈動による騒音およびブラケットや配管を伝わる振動によって生じる騒音などが合成された音になります。その他バルブの切換え音、流体音などもあり複雑な音です。

2 低騒音化

油圧装置の低騒音化対策

　ポンプ単体音より静かなレベルを要求されるときは、防音カバーを設置するしかありません。ただし、この場合にはカバー内部の温度上昇に注意し、空気の循環を検討しなければなりません。

　油圧装置の騒音では、ポンプ単体の騒音よりも振動伝播による騒音増大の不具合の方が多く見られます。油圧装置の騒音レベルは、一般的にはポンプ単体の騒音レベルに10〜15 dBを加えた程度と言えます。

　防音カバーを除いては、油圧装置の騒音を低減する効果的な方法は、ポンプ本体および配管からの振動伝達を遮断することと、圧力脈動の伝達を低減することです。

　油圧装置の低騒音対策の概要を図2-18に示します。また油圧装置の低騒音化の実施例を図2-19に示します。

①ポンプ吐出側のゴムホースは十分なたわみを持たせ、またできるだけ短くし、残りの配管部分は鋼管とする。圧力脈動によってホース表面は振動しやすいため、ホースが長く表面積が広いと騒音が大きくなり、ホースの効果が得られないため。

②ポンプ吐出側にはサイドブランチ（枝管）用ホースを設けるのがよい。圧力脈動を下げることが、ホースの有効性を高めるため。

③防振ゴムは、荷重を均等に受ける配置とし、余分な振動を機械本体に伝えない。

④ポンプ・モータを設置する床面にはオイルパン、パネルなどの薄い板は可能な限りなくし、音の放射面積を減らす。

⑤ポンプサクション配管は、ポンプ本体の振動を油タンクに伝えないために、なるべく長いゴムホースがよい。

⑥吐出配管部のマニホールドブロックは、吐出配管部分の振動を機械本体側に伝えにくくする質量効果がある。

図2-18 | 油圧装置の低騒音化対策

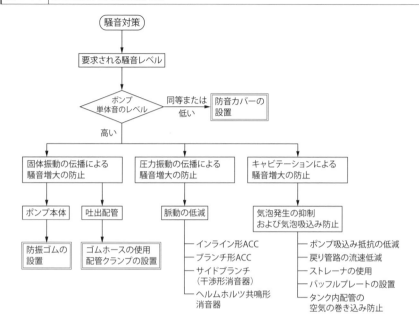

図2-19 | 油圧装置の低騒音化実施例

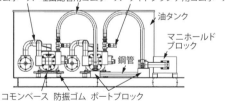

要点 ノート

油圧装置の低騒音化対策は、固体振動の伝播防止、圧力脈動の伝播防止およびキャビテーションの騒音防止の3つが基本です。音のエネルギーは非常に小さいので細かな点の対策が重要です。

2 低騒音化

低騒音化対策①
防振ゴム

　油圧ポンプは油圧システムの中の騒音源の1つであるが、体積が小さいため空気伝播騒音は小さい。しかし、油圧ポンプ本体の振動が機械本体に伝わると振動する表面積が増え、油圧ポンプ単体音よりも大きな音が発生しやすくなります。

　これを防ぐには、油圧ポンプ・モータからの振動を絶縁することが必要で、一般に防振ゴムがよく使われます。

❶油圧ポンプ・モータの重心位置

　防振原理を適用し、余分な振動を機械本体側に伝えないためには、防振ゴムは均等に荷重を受ける必要があります。そのため、まず油圧ポンプ・モータの重心位置を求めます。

　重心位置を求める際は、油圧ポンプ・モータの重量の他、カップリングや油圧ポンプに固定されるポートブロックおよびコモンベースの重量など全てを含めます。図2-20に均等に荷重を受ける防振ゴムの取付け例を示します。

❷防振ゴムの選び方

　油圧ポンプ・モータアッセンブリ全体の重さと重心位置を求めたら、次の順で防振ゴムを選定します。

①防振ゴムの使用数量の決定
②油圧ポンプ軸の強制振動数N（Hz）の決定
③コモンベースの固有振動数f（Hz）の設定
　なお、防振効果を上げるには、$N/f=3〜4$が望ましい。
④コモンベースの固有振動数を決定する防振ゴムの動的ばね定数Kを求める。

$$f = \frac{1}{2\pi}\sqrt{\frac{K \times 1000}{m}} \quad \text{より} \quad K = \frac{(2\pi f)^2 m}{1000} \ (\text{N}/\text{mm}) \text{を算出する。}$$

　ここに、m（kg）：防振ゴム1個当たりが受ける重量
⑤防振ゴムの許容荷重と静的ばね定数K_Sより、防振ゴムを選定する。
　なお、$K = K_S \times a$　よりK_Sを算出
　ここに、K_S（N／mm）：静的ばね定数
　　　　　K（N／mm）：動的ばね定数

a：静的ばね定数と動的ばね定数の比（$= K / K_S$）

（天然ゴム $H_S = 60$ の場合　$a = 1.4$、$H_S = 45$ の場合　$a = 1.2$）

また防振ゴムの選定に当たっては衝撃荷重を考慮して、防振ゴムの許容荷重は静的支持荷重値の約1.5～2倍にするのが一般的です。

振動数比 N / f と振動伝達率との関係を次式に示します。

$$振動伝達率　\tau = \frac{F}{F_0} = \frac{a}{a_0} = \frac{1}{1 - \left(\frac{N}{f}\right)^2} \times 100　(\%) \qquad (2\text{-}8)$$

ここに、F：機械本体に伝わった力　F_0：強制加振力

a：機械本体に伝わった力の振幅　a_0：強制加振力の振幅

$N / f = 1$ の場合は、$\tau = \infty$ で共振する。$N / f = 1.4$ の場合は、$\tau = 1$ で防振効果がない。$N / f = 1.4$ 以上の場合は、$\tau = 1$ 以下で防振効果がある。

❸防振ゴム選定時の注意事項

防振ゴムの選定に当たっては、次の点に注意します。

① 丸形は横荷重を受けると、ねじとゴムとの接合部が切断しやすいので横荷重の大きい場合は使用しない。横方向（x）の許容荷重に注意する。

② 丸形の直径と高さの寸法比が大き過ぎると、コモンベースの振れが大きくなるので振れ止めの検討を要す。

図 2-20　均等荷重を受ける防振ゴムの取付け例

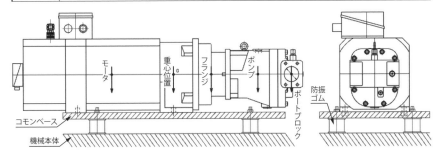

要点　ノート

ポンプ・モータの振動を絶縁するには、一般に防振ゴムを使います。防振効果を高めるには、振動数比 N / f を 3～4 にするのが望ましい。なお、丸形防振ゴムは横方向の力に弱いので注意が必要です。

2 低騒音化

低騒音化対策②
サイドブランチ

　油圧ポンプの圧力脈動を低減する方法は何種類かありますが、それぞれ一長一短があります。その概要を**表2-2**に示します。
　現在最も多く使われているものに、干渉形消音器のサイドブランチがあります。

❶サイドブランチの原理
　サイドブランチの原理（**図2-21**）は、枝管の長さをポンプの圧力脈動の波長の1/4長さとし、主管と枝管の結合部で波動の山と谷を干渉させて、圧力脈動の振幅を低減するものです。
　　$C = \lambda \times f$、枝管（サイドブランチ）の長さ　$L = \lambda / 4$ より

$$L = \frac{C}{4f} \tag{2-9}$$

ここに、L：枝管長さ（m）
　　　　C：音速（m/s）鋼管の場合1300〜1700、ゴムホース800〜1100
　　　　f：ポンプ脈動周波数（Hz）

回転速度1800 min^{-1}のピストンポンプ（ピストン本数9本の場合）の場合のサイドブランチの長さは次のとおりです。

$f = 1800$ min^{-1} / 60×9本 = 270 Hz

$C = 1100$ m/s（21 MPa用ゴムホース）と仮定すると、サイドブランチの長さは、

$$L = \frac{C}{4f} = \frac{1100}{4 \times 270} = 1.0 \text{（m）}$$ が求まります。

❷サイドブランチの設置方法
　サイドブランチの設置方法を**図2-22**に示します。
　サイドブランチは、ポンプ吐出配管の流れ方向と直角に、同一口径のホースで引き出し、ホース先端にはエア抜きを設ける。サイドブランチのゴムホースの中にエアが残ると、圧力脈動の低減効果がないので注意が必要です。81 dBから71 dBに低減した実施例があります。

表 2-2 脈動低減方法

脈動低減方法	特徴
インライン形アキュムレータ	ほとんどの周波数域で有効。ただし1次側の脈動が大きくなりポンプ単体音は大となる。ガス圧管理要す。コスト＆スペース大。
ブランチ形アキュムレータ	ほとんどの周波数域で有効。インライン形より効果小。ガス圧管理要す。コスト＆スペース大。
干渉形消音器 (サイドブランチ)	特定の周波数に限定される。 取り付けが簡単。コストメリット大。
ヘルムホルツ共鳴形消音器	特定の周波数に限定される。1次側の脈動大となる。 取り付けは面倒であるが、保守性は最も良い。

図 2-21 サイドブランチの原理

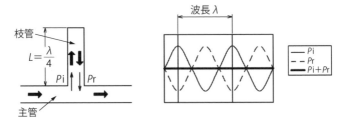

図 2-22 サイドブランチの設置方法

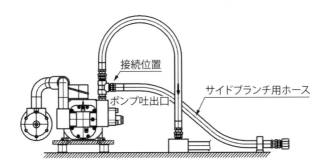

要点 ノート

油圧ポンプの圧力脈動を低減する方法はいろいろありますが、それぞれ一長一短があります。最近はサイドブランチがよく使われますが、ホースの長さを合わせることと、エアを完全に抜くことがポイントです。

2 低騒音化

低騒音化対策③
キャビテーション防止

❶油圧ポンプのキャビテーション防止

　ポンプのキャビテーションが発生するのは、回転速度が速すぎる場合や、作動油の粘度が大き過ぎた場合、あるいはサクションストレーナが目詰まりした場合などで、油圧ポンプの吸込み条件を外れたときです。

　キャビテーション現象とは、油圧ポンプの許容吸込み抵抗を超えて圧力が低下すると、作動油中に溶解していた空気が気泡として析出し、これが吐出工程で加圧されたときにつぶれて大きな騒音を発生させるとともに、材料の壊食を起こしポンプの寿命を著しく短くすることを言います。

　石油系作動油の場合は大気圧において約8〜10％の空気を溶解しており、その量は絶対圧力に比例します。油圧ポンプの吸込み部分で圧力が下がり真空状態になると、許容値を超えた溶解空気は気泡として油中に現れます。

　また、この気泡はミリ秒（ms）の短時間で生成されますが、再び作動油に溶解するには数十秒の長い時間が掛かる特性があります。

　このためキャビテーションを防止することは最も重要で、溶解空気の特性から、ポンプの吸込み抵抗は少しでも余裕を持たせることが大切になります。

①吸込み配管の流速は1.5 m/s以下を保つ。
②吸込み配管はできるだけ最短長さとする。
③吸込み配管の曲げの数と継手の数は最小にする。
④油タンクは油圧ポンプよりできるだけ高いところに設ける。
⑤圧力損失の小さいインジケータ付きサクションフィルタまたはストレーナを使用し、汚れたときは簡単に交換できるようにする。
⑥低粘度作動油を使用する。ただし、油圧機器メーカーが推奨する最低粘度を満たすこと。

　具体的には、吸込み抵抗は油温10℃のときに、石油系作動油の場合で−16.7 kPa以下、水−グリコールの場合で−10.1 kPa以下を厳守します。

❷空気混入による油圧ポンプのエアレーション防止

　エアレーションとは、外部から侵入した空気およびタンク内の気泡を油圧ポンプが吸い込むことによってキャビテーション現象と同じように大きな騒音を

発生させる現象です。

空気の侵入場所は配管継手のシール部、ポンプのオイルシール、シリンダのロッドパッキンなどで、エアレーションが発生したら、すぐ対策が必要です。

❸低騒音化の油タンクの構造

油圧ポンプの騒音に大きな影響を与えるのが空気の存在です。この空気は油タンク内でしか消滅させることができないので、油タンクの構造は十分注意する必要があります。

低騒音化のための油タンクの構造を図2-23に示します。
① 油タンクの形状は、長さや幅よりも高さ寸法を優先させる。
② 仕切り板を必ず設け、作動油の回遊時間を延ばす。
③ 吸込み配管には100〜150メッシュのストレーナを設け、気泡の吸い込みを防止する。ストレーナは浮力の作用で気泡を分離する。
④ 戻り配管の流速は4m/s以下とし、タンク内の放気性を良くする。

図2-23 | 低騒音化を図る油タンク構造例

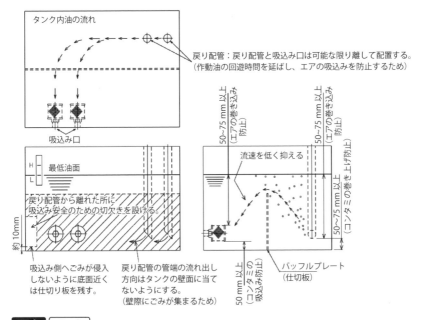

要点　ノート

油中の気泡はポンプの騒音に大きな影響を及ぼします。また油中の気泡はタンク内でしか消滅させることができないため、油タンクの構造には十分な配慮が必要です。

3 作動油の清浄化

油圧装置の汚染物質
(コンタミナント)

　作動油中の汚染物質（contaminantのことで、以下コンタミと言います）は、油圧装置の性能、寿命に著しく悪影響を及ぼします。しかし、髪の毛の太さ（60μm程度）よりも小さなコンタミになると、目に見えないため、管理が疎かになりがちです。

　この小さな、目に見えない油中のコンタミが、バルブをスティックさせ、ポンプを壊してしまいます。

　油圧機器はミクロン単位の隙間寸法を維持している精密機器ですから、作動油中のコンタミをなくすことが非常に重要になります。

　コンタミの種類は一般的に発生原因から、**表2-3**のように大別されます。

　また、コンタミの影響は次のようになります。

　作動油中のコンタミは各種油圧機器の隙間と関係し、影響を及ぼします。特に、この隙間にほぼ等しい大きさのコンタミか、または小さいコンタミが油圧機器に大きなダメージを与えます。

　　　ほぼ等しい大きさのコンタミ→凝着摩耗→焼き付き・かじり

　　　小さいコンタミ→アブレッシブ摩耗→リーク増大・性能低下

　代表的な油圧機器の隙間と主な摩耗形態を**表2-4**に示します。

　油圧装置の製造工程には板金製作、配管施工、マニホールドブロックの機械加工など多くの工程があり、その段階でコンタミ（溶接スパッタ、さび、バリ、かえりの鉄粉、砂、ウエスの繊維、塗料片、ゴム片など）が多く発生します。

　しかし、これらのコンタミは最終的な試運転前のフラッシング処理だけでは完全に除去できません。

　したがって、油圧装置の製造工程で発生するコンタミは、その工程ごとに除去・予防し、また工程ごとに外部からコンタミが侵入しないようにマスキングすることが非常に重要になります。

　運転中に発生するコンタミおよび外部から侵入するコンタミに対しては、フィルタやエアブリーザなどを用いて除去すること、また定期的な作動油の清浄度を測定し、突発的なトラブルの発生を防ぐことが重要になります。

表 2-3 コンタミの種類

汚染形態	汚染物質（コンタミ）
残留汚染物 （製造工程中に侵入したものが、各種洗浄で除去できず、残ったもの）	・溶接スパッタや金属片 ・鋳物やショットブラストの砂 ・ウエスなどの繊維 ・塗料の破片 ・酸化物（さび）
内部発生汚染物 （運転中に油圧装置内部で発生したもの）	・しゅう動部の摩耗金属粉 ・シール材の破片 ・作動油の劣化によるスラッジ
侵入汚染物 （外部から侵入したもの）	・アクチュエータしゅう動部からの侵入ごみ ・油タンク通気口からの侵入ごみ ・注油時の侵入ごみ

表 2-4 代表的な油圧機器の隙間と主な摩耗形態

油圧機器	運転中の隙間（μm）	主な摩耗形態
ピストンポンプ ・ピストンとシリンダボア ・バルブプレートとシリンダブロック	 10〜25 0.5〜5	 凝着摩耗 アブレッシブ摩耗
ベーンポンプ ・ベーンの側面 ・ベーンの先端	 20〜40 0.5〜1	 凝着摩耗 アブレッシブ摩耗
サーボ弁 ・オリフィス ・スプールとスリーブ	 130〜450 1〜20	 目詰まり アブレッシブ摩耗

> **要点ノート**
> 作動油中の目に見えないコンタミが焼き付き・かじり・性能低下などで油圧機器に大きなダメージを与えます。コンタミは油圧装置の製造工程中における残留物、運転中に発生するものおよび外部から侵入するものに分類されます。

3 作動油の清浄化

作動油の清浄度管理

　油圧装置の正常な運転を妨げるコンタミには、水分や作動油の熱劣化により生じるスラッジなどもありますが、ここでは汚染粒子に限定し、作動油の清浄度管理を示します。

❶作動油清浄度の設定

　油圧システムの機能を長期間維持するためには、常に作動油の清浄度を保たなければなりません。

　作動油の清浄度レベルの設定は、油圧装置で使用する油圧機器のうち、コンタミに最も弱いものの保護を目標に行います。

　表2-5に各油圧機器の清浄度レベルを、表2-6にスケール番号を示します。このスケール番号は1 mL中の粒子の個数を規定しています。

　表2-5が示すように各油圧機器の清浄度レベルは、高圧になるほど厳しくなります。このため使用圧力により、フィルタのろ過性能も異なってきます。

　サーボ弁の清浄度レベルが一番厳しいので、サーボ弁を使う場合は、油圧装置の清浄度レベルはこれを目標にします。サーボ弁を使わない場合には、一般的に油圧装置の清浄度レベルは、ポンプが要求するレベルを目標にします。

　また、表2-5が示す清浄度レベルは、標準的な使用条件において、石油系作動油を用いた場合のものです。

　使用する作動油が非石油系の場合には、清浄度レベルの設定をJISコードの各サイズにおいて、一段階厳しい値とします。例えば、目標が19/17/14の油圧装置において、水-グリコールを使用する場合には、目標レベルを18/16/13とします。

　また、標準的な使用条件と異なり、下記の条件が組み合わされる場合には、さらに清浄度レベルの設定を一段階厳しい17/15/12のようにします。

・氷点下18℃以下の低温起動が頻繁な場合
・70℃以上の高温で運転する場合
・大きな衝撃や強い振動を受ける場合
・その他の過剰な使用条件の場合

❷汚染度表示

汚染度のレベル分類は、従来NAS1638に規定されたNAS等級が使用されてきましたが、現在は国際規格ISO4406に準拠したJIS B9933に改めています。

JIS B9933による汚染度の表示コードは、4 μm、6 μm および14 μm の3種類の微粒子の大きさごとにスケール番号を付与する方式となり、A/B/Cのように表します。

表2-5 各油圧機器の清浄度レベル（参考）

	14 MPa未満		14～21 MPa未満		21 MPa以上	
	推奨清浄度レベル JIS B 9933 4μ[c]/6μ[c]/14μ[c]	推奨ろ過性能 β_x=200	推奨清浄度レベル JIS B 9933 4μ[c]/6μ[c]/14μ[c]	推奨ろ過性能 β_x=200	推奨清浄度レベル JIS B 9933 4μ[c]/6μ[c]/14μ[c]	推奨ろ過性能 β_x=200
油圧ポンプ						
ギヤポンプ	20/18/15	25	19/17/15	12	18/16/13	12
固定ピストンポンプ	19/17/15	12	18/16/14	12	17/15/13	6
ベーンポンプ	20/18/15	25	19/17/14	12	18/16/13	12
可変ピストンポンプ	18/16/14	12	17/15/13	6	16/14/12	3
可変ベーンポンプ	19/17/15	12	18/16/14	12	17/15/13	6
制御弁						
ロジック弁			20/18/15	25	19/17/14	12
スクリューイン弁			18/16/13	12	17/15/12	6
チェック弁			20/18/15	25	20/18/15	25
プレフィル弁			20/18/15	25	19/17/14	12
電磁弁			20/18/15	25	19/17/14	12
流量制御弁			19/17/14	12	19/17/14	12
圧力制御弁			19/17/14	12	19/17/14	12
比例ロジック弁			18/16/13	12	17/15/12	6
比例スクリューイン弁			18/16/13	12	17/15/12	6
比例方向制御弁			18/16/13	12	17/15/12	6
比例流量制御弁			18/16/13	12	17/15/12	6
比例圧力制御弁			18/16/13	12	17/15/12	6
電気油圧サーボ弁			16/14/11	3	15/13/10	3
アクチュエータ						
油圧シリンダ	20/18/15	25	20/18/15	25	20/18/15	25
ベーンモータ	20/18/15	25	19/17/14	12	18/16/13	12
アキシアルピストンモータ	19/17/14	12	18/16/13	12	17/15/12	6
ギヤモータ	21/19/17	25	20/18/15	25	19/17/14	12
ラジアルピストンモータ	20/18/14	25	19/17/15	12	18/16/13	12
斜板式ピストンモータ	18/16/13	12	17/15/13	6	16/14/12	3
その他						
HST	17/15/13	6	16/14/12	3	16/14/11	3

表2-6 JIS B9933に基づくスケール番号

粒子個数 個/ml	スケール番号														
	0	1	2	3	4	5	6	7	8	9	10	11	12	13	14
上限値≦	0.01	0.02	0.04	0.08	0.16	0.32	0.64	1.3	2.5	5	10	20	40	80	160
下限値＞	0	0.01	0.02	0.04	0.08	0.16	0.32	0.64	1.3	2.5	5	10	20	40	80

粒子個数 個/ml	スケール番号													
	15	16	17	18	19	20	21	22	23	24	25	26	27	28	>28
上限値≦	320	640	1300	2500	5000	10000	20000	40000	80000	160000	320000	640000	1300000	2500000	—
下限値＞	160	320	640	1300	2500	5000	10000	20000	40000	80000	160000	320000	640000	1300000	2500000

> **要点 ノート**
>
> 油圧機器の汚染度レベルの表示は、従来のNAS等級から国際規格に準拠したJIS B9933に変わっています。また具体的に各油圧機器の清浄度レベルが提案されており、油圧装置の清浄度を設定する際は、この実施が望まれています。

3 作動油の清浄化

油タンクのコンタミ管理の実施例

製造工程における油タンクのコンタミ管理の実施例を以下に示します。

溶接スパッタ、さび、残留砂などを完全に除去することが必要です。

❶溶接構造の油タンク

製造後のタンク外面を図2-24、タンク内面を図2-25に示しますが、洗浄後でも溶接スパッタやさびが残っています。

❷ショットブラスト

ショットブラストは、タンク内外面の黒皮、さびおよび溶接スパッタなどを完全に除去する目的で行います。

ショットブラスト後のタンク外面を図2-26に示します。

エアブローの後、バキューム吸引にて、砂を完全に除去した後のタンク内面を図2-27に示します。

❸タンク内面さび止め塗装

タンク内面塗装は、作動油が浸らない天板の裏面などからのさびの発生を完全になくし、またタンク内の清掃を容易にするために行います。

❹配管・組立作業

配管・組立作業中は、ポンプ、ブロック、ユニットアクセサリなどの開口部をマスキングし、コンタミが油圧装置内に侵入するのを防ぎます。

❺タンク内塗装

タンク内配管のバラシ、側蓋用のボルトのマスキング、タンク内面のさび落とし、バキューム吸引にてタンク内を清掃した後に内面塗装を行います。

❻タンク内の清掃

ソルベントを吹き付け、タンク内面および外面の脱脂を行います。洗浄後のタンク内面を図2-28に示します。

洗浄後は、油タンク開口部の全てをマスキングします。

| 図 2-24 | タンク外面（ショット前） |

| 図 2-25 | タンク内面（ショット前） |

| 図 2-26 | タンク外面（ショット後） |

| 図 2-27 | タンク内面（ショット後） |

| 図 2-28 | タンク内面（洗浄後） |

> **要点 ノート**
> 溶接構造の油タンクは、洗浄後でも溶接スパッタやさびが残ります。この汚染物は作動油に混入すると油圧機器に大きなダメージを与えます。これを避けるために、ショットブラストなどで除去し、タンク内面を塗装します。

【3】作動油の清浄化

配管およびマニホールドブロックのコンタミ管理の実施例

　製造工程における配管およびマニホールドブロックのコンタミ管理の実施例を以下に示します。バリ、かえり、溶接スパッタ、さびなどをその場で完全に除去し、次工程に持ち込まないことが大切です。

❶配管のバリ、かえりの除去

　配管加工（切断、曲げ、ねじ切りなど）後はエアブローした後、グラインダにて内面バリ取りと外面バリ取りを行います。

　バリ、かえりを除去した後は、高圧洗浄し、エアブローにて洗浄液を除去します。バリ取り前と後の状態を比較した図2-29および図2-30を示します。

❷配管の溶接と仕上げ作業

　本溶接の後は表面のスラグや溶接スパッタを除去します。また、グラインダ、金ヤスリ、砥石などによりボルト穴、パイプ内面、フランジ外面、パイプ外面、フランジ合わせ面などの各部の仕上げ作業を行います。

　最後に高圧洗浄し、エアブローにて洗浄液を除去します。溶接後の仕上げ作業前後の比較を図2-31および図2-32に示します。

❸マニホールドブロックのバリ取り

　油路のつながりを検査したマニホールドブロックを図2-33に示します。

　油路チェックを完了した後に、ブロックの穴加工内のバリ、切粉、かえりおよびさび取りを行います。

　専用の照明を行い、同一面の各穴を順番に点検し、バリなどが発見されたら専用工具とエアを用いて除去作業を行います。穴の交差部のバリは穴の大きさによって使用する超硬バーを使い分けています。

　バリ取り前と後の穴の状態を比較した図2-34および図2-35を示します。

　エアブローでバリを除去した後、洗浄槽で内外面の汚れを除去し、その後に乾燥エアを用い、内部の残留切粉および異物の除去と乾燥を行います。エレメントのポート穴およびフランジポート穴から異物が侵入しないようにテーピングを行い、エレメント取り付け直前にテーピングを剥がします。

　組み立て中のブロック外観を図2-36に示します。

第2章 油圧化の段取り

図 2-29 | 配管（加工後）

図 2-30 | 配管（洗浄後）

図 2-31 | 配管外面（溶接後）

図 2-32 | 配管外面（洗浄後）

図 2-33 | MB 外観

図 2-34 | MB バリ取り前

図 2-35 | MB バリ取り後

図 2-36 | MB 組立て

> **要点 ノート**
>
> 配管、マニホールドブロックなどの加工中に発生するバリ、かえり等も作動油中に混入すると不具合発生の原因になるので、製造工程中で完全に除去しなければなりません。

3 作動油の清浄化

油圧装置の運転中に発生するコンタミ管理

　油圧装置の運転中に発生するコンタミは、油圧装置内部で発生するものと、外部から侵入するものとがあります。

　内部で発生するものは、機器の摩耗粉と作動油が劣化したスラッジが主体です。外部から侵入するものはシリンダのロッド部分から入る異物と開放タンクにおける通気口から侵入するものです。

　作動油はこれらのコンタミで汚染されますが、油圧装置にはこれらのコンタミを捕捉するものとしてフィルタとエアブリーザがあります。

　フィルタとは、粒子の大きさ別に流体からコンタミを捕捉する機器のことです。また、ストレーナとは、コンタミを捕捉する金網などで作られた目の粗いフィルタのことで、一般にポンプの吸込みラインに使用されています。

　エアブリーザとは、油タンクと大気との間で空気の入れ替えを可能とする機器のことです。

　フィルタの分類を**図2-37**に示します。

　コンタミを捕捉するフィルタエレメントの材料は一般にろ紙、ノッチワイヤ、金網の他、ガラス繊維、合成繊維などを樹脂で処理したものがあります。

　フィルタエレメントのろ過性能の表示は、マルチパス試験装置により算出した平均ろ過比（ベータ値）を使用するようにJIS B8356-8で規定されています。

　平均ろ過比（ベータ値）

$$\beta_x = \frac{\text{フィルタ入口で計測された}X\,\mu\text{m以上の粒子の数（個/mL）}}{\text{フィルタ出口で計測された}X\,\mu\text{m以上の粒子の数（個/mL）}}$$

ベータ値は上式のように定義されています。

　例えば、$\beta_{10}=200$は10 μm以上の粒子を99.5％除去し、$\beta_3=2$は3 μm以上の粒子を50％除去することを意味しています。

　フィルタを設置する場所は、ポンプ吐出ライン、戻りラインおよび専用の循環ポンプを用いるオフラインの3カ所があります。**図2-38**にフィルタの設置場所の回路図を、**表2-7**にそれぞれのフィルタ設置場所の特徴を示します。

図 2-37 | フィルタの分類

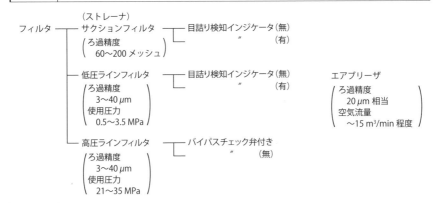

図 2-38 | フィルタの設置場所

1A～1C：ポンプ吐出ライン
2A～2B：戻りライン
3A：オフライン

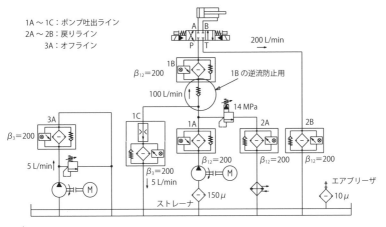

表 2-7 | フィルタ設置場所の特徴

設置場所	フィルタ設置場所の特徴
1A	常時一定流量をろ過。ろ過効率は優れているが高圧フィルタを要す。
1B	特定な油圧機器を保護するとき。場合によっては圧力ピークによって逆流のおそれあり。
1C	微小なコンタミのろ過が主体。
2A	鉄粉を除去し、作動油の酸化劣化を遅らせるために、通常はクーラのIN側に設置。最も一般的なもの。
2B	一般的なもの。シリンダロッドから侵入するコンタミに対し、最も効果的なもの。
3	1A～2Bの方法で清浄度が得られない場合に、これを追加して設置することが多い。

要点 ノート

油圧装置の運転中に発生するコンタミおよび外部から侵入するコンタミを除去するにはフィルタを用います。フィルタの設置場所には3個所がありますが、ろ過効率とメンテナンス性から設置場所を選択しています。

4 油漏れ防止

シールの基本

　油漏れは周囲環境を汚染し、漏れた油の回収や清掃作業に多大な時間と費用が掛かるため、これを防止することは大変に重要なことです。その対策の要因は非常に多岐にわたりますが、ここでは基本的なことを取り上げます。

❶シールの分類（図2-39）
　油圧装置で作動油を密封するものをシールと呼んでいます。シールは回転するポンプ軸や往復動作するシリンダロッドなど運動する部分の油を密封する「パッキン」と、固定部分の油を密封する「ガスケット」に分けられます。

❷シール材の作動油との適合性
　このシールの材料は基本的にゴムが主体で、作動油との相性と使用温度範囲に制限があります。これを守らないとシール性能が維持できず油漏れの原因となります。主な、シール材の適合性を**表2-8**に示します。
　ニトリルゴムは加工性、機械的強度とも十分でシール材として特に要求される圧縮永久ひずみ、引張強さ、耐摩耗性も他のゴムより優れ、耐油性が良いことから最も重要な材料としてほとんどのところで使用されています。
　この表の他にアクリルゴムは耐熱性、耐油性に優れており、Oリングとして自動車用に幅広く使われています。
　四フッ化エチレン樹脂はゴム材料ではありませんが、耐油性、耐薬品性、耐熱性が良く、また伸びが大きく、しゅう動特性も優れているためバックアップリングなどに使われています。

❸耐圧性とはみ出し
　シールは形状（Uパッキン、Vパッキン、Oリングなど）とゴム材料との組み合わせにより、使用できる圧力が異なるので、詳細は製造業者に確認する必要があります。また、油圧機器のシールはスクィーズパッキンが多く、その多くはシール形状とゴム材料の組み合わせで溝との隙間の適正値があります。
　Oリングの耐圧性と適正隙間を**図2-40**に、また、その注意事項を次に示します。
①基本的に、はみ出しのない隙間で機器を設計し、小さくできないときはバックアップリングを併用すること。

② シールのはみ出しは、溝寸法ばかりでなく、高圧によるシリンダチューブの変形や、フランジの締め付けトルク不足によるボルトの伸びなど、シール周辺の剛性不足による場合も多いので、この点に十分注意すること。

図 2-39 シールの分類

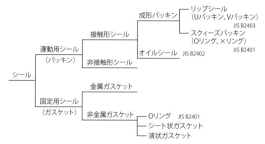

表 2-8 シール材料の作動油との適合性および使用温度範囲

	ニトリルゴム NBR		水素添加ニトリルゴム HNBR	フッ素ゴム FKM
	低温用	汎用		
温度範囲	−60〜75	−20〜80	−20〜120	−10〜150
石油系	△	○	○	○
水−グリコール	○	○	○	△
脂肪酸エステル	△	△	△	△
生分解性作動油合成エステル	△	○	○	○
リン酸エステル	×	×	×	○

注) ○印は使用可能。×印は使用不可能を示す。
　　△印は製造業者に確認するのが望ましい。

図 2-40 O リングの適正隙間

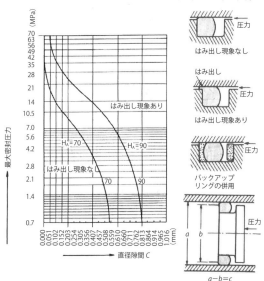

要点 ノート

シールには運動用シールのパッキンと固定用シールのガスケットがあります。シール材はゴムが主体で作動油との適合性、使用温度範囲の制限および耐圧性と適正な隙間があり、油漏れ防止にはこれらを厳守することが必要です。

【4】油漏れ防止

Оリング

　Оリングはスクィーズパッキンの代表的なもので、その使用範囲は固定部以外に往復運動部、回転運動部にも多用されています。
　ОリングはJIS B2401-1第1部でОリングの種類（運動用：記号P、固定用：記号Gなど）、材料（ニトリルゴム、水素化ニトリルゴム、フッ素ゴムなど）、Оリングの基準寸法（内径および太さ）と呼び番号などを規定しています。
　第2部では円筒面および平面のハウジングの寸法・許容差、ハウジングとОリングのシール部との接触面の表面粗さ、バックアップリングを使用しない場合の直径隙間の最大値などを規定しています。
　その他、Оリングを挿入する際、Оリングを傷付けないために**図2-41**に示す取り付け部の面取り、**図2-42**に示す横穴部の面取りを規定しています。

❶装着時の注意事項
　Оリングの組み込み時には、脱落や傷、異物のかみ込み、ねじれ、バックアップリングの切断などが起きやすいので下記の点に注意が必要です。
① Оリングおよび装着部を清浄にし、糸くず、切粉、ごみなどの異物が入らないようにすること。
② グリースをОリングや装着部に塗布して組み付けること。
③ 面取り部のかえり、バリなどがないことを確認すること。
④ Оリングが当たる相手面に傷やへこみがないことを確認すること。
⑤ バックアップリングを組み立てるときはグリースを塗布し、抑えジグなどで軽く抑えながら組み付けること。
⑥ Оリングをねじ部または鋭い角部を超えて装着するときは、**図2-43**のようにねじ部のキャップを挿入して装着すること（JIS B2401-2）。
⑦ 組立後、Оリングの小さい切れ端が出た場合には取り出し、Оリングを交換して再組み付けのこと。
⑧ Оリングを溝に入れた状態でねじれがないことを確認のこと。
　ねじれがある場合は、軽く引張り解消すること。

❷保管中の注意事項
　Оリングなどのゴム材料あるいはシールを保管する場合は下記の点に注意が

必要です。
①ゴム材料は直射日光、油、水、オゾンなどで劣化するので、使用しないシールはポリエチレン製の袋に入れ、空気を遮断した状態で保管するのが良い。
②保管温度は37℃以下を目安にするのが良い。
③未使用シールの保管は製造年月日より3年を目安にすること。
④ゴム材料は軟らかく傷が付きやすく、また長時間掛けていると自重で変形してしまうため、保管の際に釘、針金などに掛けてはならない。

図 2-41　Oリング取り付け部の面取り

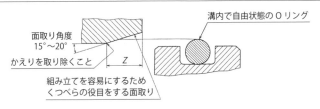

図 2-42　横穴部の面取り

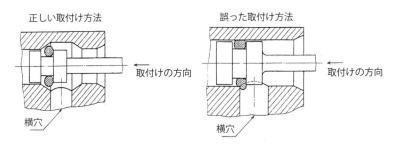

図 2-43　Oリング用取り付けジグ

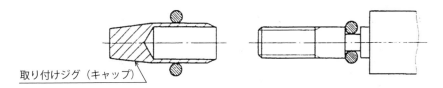

要点 ノート

Oリングについては JIS B2401 に詳細に規定していますので、これを遵守することが必要です。UパッキンやVパッキンなどのリップシールも装着部形状、しゅう動面粗さ、潤滑、保管などの考え方はOリングに準じます。

【4】油漏れ防止

オイルシール

　オイルシールは回転運動する部分の密封に用いるシールの総称です。油圧ではポンプと油圧モータの回転軸からの油の漏れを防止する目的で用いられています。

　オイルシールはJIS B2402-1第1部でオイルシールの種類（図2-44の6種類）、呼び寸法（軸径、シール外径、シール幅）、軸端の面取り、軸径の許容差、軸の表面粗さ・表面硬さ、ハウジングの寸法、シール外径の許容差および寸法の表示コード（例えば、軸径6 mm、シール外径16 mmの表示コードは006016となる）などを規定しています。

　図2-45はオイルシールの密封機構の概略図です。シールリップの部分で流体潤滑の油膜が形成され、大気側から油側への流れを生むことによって密封を実現させています。なお、この密封メカニズムはリップ材料とリップ形状の2つの因子でコントロールされています。

　オイルシールの使用に当たっては、ゴム材料の作動油との適合性、許容温度が限定されます。またシールの形状によって耐圧力が異なります。

　実用では大気側のダストの有無、サージ圧力の大きさからオイルシールの形状を選定し、使用する作動油の種類と軸の周速度から最適なゴム材質のオイルシールを選定します。

❶軸の加工

　オイルシールは、相手の軸の仕様によって密封性能が左右されます。下記の遵守すべき点がJIS B2402-1に規定されています。

① 軸端には面取りを行い、かえり、鋭い角、機械加工による粗い筋目などがあってはならない。
② 軸径の許容差はJIS B0401-2のh11のこと。
③ 軸の表面粗さは$0.1 \sim 0.32\ \mu mRa$または$0.8 \sim 2.5\ \mu mRz$とする。
④ 軸の表面状態は機械加工によって生じるリード目があってはならない。仕上げは、送りを掛けないプランジ研削が望ましい。
⑤ 軸の表面硬さはHRc30以上を推奨する。

❷ハウジングの加工

ハウジングは、材料が鉄鋼材料で機械加工の場合には下記の遵守すべき点がJIS B2402-1に規定されています。

① ハウジングの最小穴深さおよびハウジング面取り長さが規定されている。

なお、面取り部にはかえりがあってはならない。

② ハウジング穴径の公差等級はJIS B0401-2のH8のこと。

③ ハウジング穴の表面粗さは$1.6 \sim 3.2 \ \mu mRa$および$6.3 \sim 12.5 \ \mu mRz$とする。

なお、外周金属オイルシールを使用する場合には、気密性を良くするために、表面粗さを$0.4 \ \mu mRa$、$3.2 \ \mu mRz$程度まで小さくするのが望ましい。

❸装着時の注意事項

オイルシールの装着に当たっては、装着個所の洗浄、傷などに注意し、シールに傷や変形を起こさないようにしなければなりません。JIS B2402-3第3部では取り付けジグを用い、ハウジング穴に直角に取り付けること、またシール部材がスプライン、キー溝または穴の上をすべる場合には、シールリップの損傷を防ぐために特殊な保護ジグを用いることなどを規定しています。

❹保管

JIS B2402-3第3部は保管、包装、取り扱いについても規定しています。

図2-44	オイルシールの種類
![タイプ1]	タイプ1
![タイプ2]	タイプ2
![タイプ3]	タイプ3
![タイプ4]	タイプ4
![タイプ5]	タイプ5
![タイプ6]	タイプ6

図2-45 オイルシールの密封機構

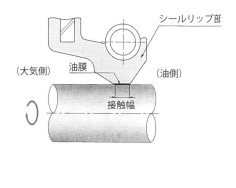

要点 ノート

オイルシールはJIS B2402に概要を規定していますので、これを遵守することが必要です。その他、耐圧性、耐油性などは製造業者のデータなどから最適なオイルシールを用い、油漏れをなくすことが大切です。

【4】油漏れ防止

継　手

❶テーパねじ継手

　通常、おすのテーパねじにシール用テープを巻き使用します。ねじ加工が容易なため、日本では幅広い分野で使用されてきました。しかし、ねじおよび施工に不具合があると漏れやすく、漏れの大きな原因になっており、従来から欧州ではこの使用を禁止しています。今後は、日本も油漏れをなくすために、テーパねじ継手の使用を禁止するのが望ましいと言えます。

　なお、現在のJIS B8361 油圧 - システムおよびその機器の一般規則および安全要求事項では、国際規格に倣い、油圧ポンプおよび油圧モータの配管の接続個所に限って、管用テーパねじまたはシール材を必要とする接続方法を禁止しています。

❷食い込み継手 JIS B2351-1

　食い込み継手とは、リング状のスリーブと呼ばれる部分の先端を管に食い込ませ管をつなぐ継手です。ねじ切り、溶接などをする必要がなく、施工が簡単なため油圧配管では多く使用されています。油漏れをなくすために、確実な配管施工が必要です。

①管端は直角に切断し、管端面のバリを除く。
②スリーブが当たるところが扁平しないように、管端の直管部はナットの長さの2倍以上取る。
③締め付けの際は管端を本体に確実に当てること（**図2-46**）。詳細は製造業者の締付け要領に従うこと。
④直管配管やこじらないと管が入らない配管は避け（**図2-47**）、外部振動などが加わる場合はクランプすること。

❸Ｏリング式継手 JIS B2355-1

　Ｏリング式継手とは、平行ねじにＯリング用の溝を設け、ねじで接続してＯリングでシールする継手です。

　テーパねじと比べて加工が困難なため、日本では、使用されているところは限定されていました。しかし、漏れがなく接続部分の強度も十分あり、国際規格では全てのポートはこのＯリング式が望ましいとされています。

① 継手を装着する前にシール面が清浄なことを確認し潤滑油を塗布する。
② 継手本体にOリングを挿入するときは挿入ジグを使用する。
③ めすねじ側のOリングが収まる溝にグリースを塗布し組み付ける。
④ 締め付けトルクを表2-9に示す。

❹ユニオン継手

ユニオン継手とは、分解・接続を可能とした継手であり、非常に多くの種類があります。ねじ込み、溶接などで配管した場合、メンテナンスに必ずユニオン継手が必要になります。

① Oリングを使用する場合は図2-48に示すようにOリングが吸い込まれない溝形状とする。
② Oリング溝を下向きにすると、Oリングが落ちることがあるので、Oリング溝側を下にするのが良い。

図 2-46 │ 締め付け要領

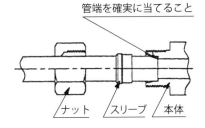

図 2-47 │ 配管要領

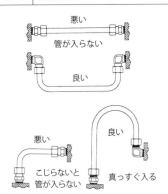

表 2-9 │ 締め付けトルク

サイズ	G1/8	G1/4	G3/8	G1/2	G3/4	G1	G1 1/4	G1 1/2
トルク (N·m)	7.8	19.6	34.3	68.6	118	181	265	372
圧力	35 MPa 以下						20.5 MPa 以下	

図 2-48 │ Oリング溝形状

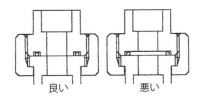

要点 ノート

油漏れ防止の観点からOリング式継手とし、継手の数は可能な限り最小にするのが望ましい設計です。また、異なるねじを混同して使うと、重大な油漏れのおそれがあるので避けることが必要です。

4 油漏れ防止

油漏れ防止のセットアップ方法

❶積層弁

　油圧システムの構成は様々ですが、構成する各機器はパイプまたはホースなどにより配管されています。配管は重要な構成要素ですが、反面、油漏れの原因となりやすく、また騒音・振動を伝搬増幅する要因の1つです。

　このことから、配管なしに各要素を結合するという技術的要求が生じ、各種機能のバルブを規格化された形状、寸法に統一し、これらを直接積み重ねて回路を構成するものが積層弁です。

　図2-49に小形積層弁の例を示します。

①積層弁の規格

　積層弁は直接積み重ねることによって回路を構成するもので、ポート配列、サイズ、締付けボルト穴のサイズおよびピッチ寸法は同一でなければならず、国際規格のISO4401に準拠しています。

②積層弁システムの特徴

［長所］

(1)スペースが大幅に縮小できる。

(2)配管に起因する油漏れがない。

(3)配管が不要なため工期が短縮できる。

(4)回路変更が容易である。

［短所］

(1)締付けボルトの伸びによる影響を考慮する必要があり、最高使用圧力の場合、電磁弁を含めて5段以下に制限される。

(2)通常のシステムに比べて圧力損失が大きくなる。

❷マニホールド化

　マニホールドとは複数の機器を取り付けるため、内部に配管の役目をする油路を形成したブロックを言います。

　このマニホールドはガスケット形弁方式、スリップインカートリッジ弁方式およびスクリューインカートリッジ弁方式の3つのタイプがあります。

　図2-50はスクリューインカートリッジ弁方式のマニホールド化の例です。

いずれも配管に起因する油漏れがなく、スペースを大幅に縮小できる長所がありますが、ブロック内の油路の設計に技術が必要となります。

　ガスケット形弁方式は、従来のガスケット形弁をマニホールドの表面に取り付けるものです。スリップインカートリッジ弁方式は機械設備の高圧・大容量化、高応答の要求に対して開発されたものです。従来方式とは異なり、カートリッジ弁は規格化された寸法のカートリッジエレメントを規格化されたマニホールドに組み込み、種々のカバーと組み合わせることにより、複合機能を持たせたものです。図2-51にカートリッジ弁の構造を示します。スリップイン形は高圧・大容量でプレス、成形機などに、スクリューイン形は高圧・小容量で車両、農業機械などによく使われています。

図 2-49　小形積層弁の例

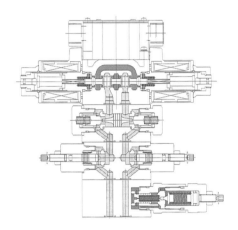

図 2-50　マニホールド化の例

図 2-51　カートリッジ弁の構造

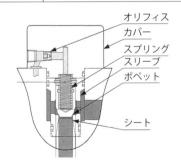

> **要点　ノート**
> 配管は油圧機器を接続する重要な要素ですが、スペースが必要で、油漏れを起こしやすい欠点があります。これを改善するセットアップ方法として、積層弁の使用およびマニホールドの使用があります。

4 油漏れ防止

油漏れ防止の配管施工

　油圧配管は、油漏れ防止のために、a) 保守のための作業空間、b) 継手や機器に伝達される配管振動、c) 継手に伝達される配管応力などに留意しなければなりません。しかし、この中で継手の増し締めが不可能などの不適切な作業空間に起因する油漏れが一番多くなっています。
　JIS B8361油圧－システムおよびその機器の一般規則および安全要求事項では次の事項を規定しています。
⑴過度な温度上昇を避けるために、導管、管継手およびマニホールドの油路の大きさは、次の流速を超えないことが望ましい。
　　吸込みライン：1.2 m/s　　高圧ライン：5 m/s　　戻りライン：4 m/s
⑵配管はチューブ（鋼製）が望ましく、機械的な理由（部品の動作、振動の吸収、騒音の低減など）で必要な場合には、フレキシブルホースを使用してもよい。
　フレキシブルホースには、ゴムホースを鋼線で補強したもの（JIS B8360）、繊維で補強したもの（JIS B8364）および樹脂ホース（JIS B8362）があり、図2-52にその構造の例を示します。
　ホースの選定に当たっては特に次の事項を考慮すること。
①定格圧力：サージ圧力を含むシステムの最高作動圧力以上の耐圧を有するホースを使用すること。
②作動油との適合性：不適合の場合にはホースの内面層が腐食し、加水分解によりクラックが発生することがあるので注意を要する。
③使用温度：ゴムホースは規定よりも温度が上がると熱劣化が促進し、取付け部からの漏れや抜けが発生しやすくなる。
④ホース内径の選定：ホース内の流速が速い場合、圧力損失が大きくなり、キャビテーションの発生、流体温度の上昇、負圧による内面ゴム層の剥離などを生じることがあり、流速を考慮すること。
⑤配管上の注意：適切なホース長さや最小曲げ半径の設定はもちろんのこと、抜けやバーストを防ぐために、取付け部やホース本体に掛かる負荷を緩和しなければならない。これらは製造業者のカタログに多くの具体例が載ってい

るので参照のこと。

(3) 管継手は、配管の振動による漏れを防止するのに効果があるOリングシール方式およびホース継手の使用が望ましい。

(4) 鋼製チューブの肉厚は次のBarlowの計算式による十分な強度を有するものを使用することが望ましい。

$$t = \frac{pD}{2f} \tag{2-10}$$

ただし、材料の安全率を考慮のこと。

ここに、t：チューブの肉厚（mm）　　p：使用圧力（MPa）
　　　　D：チューブの外径（mm）　　f：許容応力（N／mm^2）

(5) 防振対策：配管は、バルブの切り換え時に生ずる振動や外部から加えられる振動により生ずる油漏れの不具合を防止するために、適当な間隔で支持しなければならない。

チューブ支持具の推奨概略間隔を、図2-53および表2-10に示す。

図2-52 | ホースの構造

図2-53 | チューブ支持具間隔の寸法

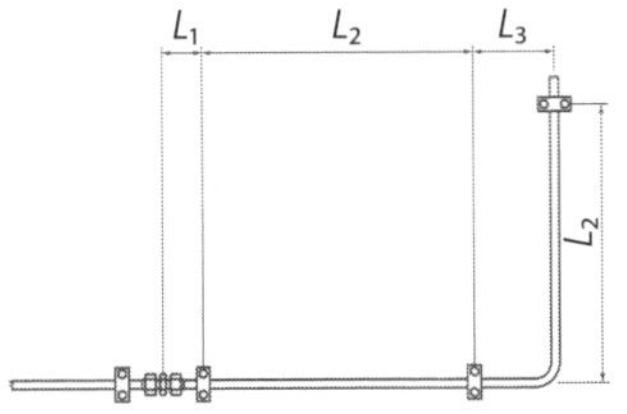

表2-10 | チューブ支持具の推奨概略間隔

単位：mm

チューブの外径 d	チューブ支持具の推奨概略間隔		
	管継手からの間隔 L_1	直管部の支持具間隔 L_2	チューブの曲がりからの間隔 L_3
$d \leq 10$	50	600	100
$10 < d \leq 25$	100	900	200
$25 < d \leq 50$	150	1 200	300
$d > 50$	200	1 500	400

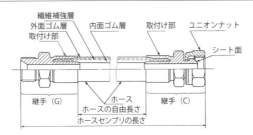

要点 ノート

油圧配管からの油漏れを防止するには、配管保守の作業空間を設けることと、振動対策としてクランプを適切に行うことが重要です。

5 法規

消防法

　消防法とは、火災を予防するために危険物の製造・保管などの基準などを規定したものです。

　消防法上の危険物とは、消防法第2条第7項の別表にある物質を言い、第1類の酸化性固体、第2類の可燃性固体、第3類の禁水性物質、第4類の引火性物質、第5類の自己反応性および第6類の酸化性液体があります。

　第4類危険物は引火性のある液体とされ、石油精製品はこれに該当し**表2-11**のように定められています。

　引火点とは、その液体が空気中で点火したときに燃え出すのに十分な濃度の蒸気を液面上に発生する最低の液温です。

　指定数量とは、消防法第9条の3において危険性を勘案して政令で定める数量と規定されています。指定数量以上の危険物を貯蔵し、または取り扱う場合には、許可を受けた施設において政令で定める技術上の基準に従って行わなければならないと定められています。

　平成11年の消防法改正によって、第4石油類の引火点が従来の200℃以上から200℃以上250℃未満に変更になりました。

　これに伴い作動油は**表2-12**のように適用されます。ただし、石油系作動油VG68の中には銘柄によって引火点が250℃以下のものがあるので注意が必要です。

　石油系作動油VG46は引火点が242℃であり、第4石油類の危険物となります。

❶油タンクの消防法適用について

　第4石油類の危険物を指定数量以上貯蔵する油タンクは消防法が適用されます。

　なお、平成11年に消防法の規制が緩和され、次のように変更になっています。消防法が適用されるタンク（以下、20号タンクと言います）で指定数量（第4石油類は6000 L）未満のものは、製造業者などが自ら実施する水張または水圧検査（これを自主検査と呼んでいます）で確認すれば消防法適用が認められます。

第 2 章　油圧化の段取り

　また、指定数量の1/5未満（第4石油類は1200 L未満）であれば、20号タンクを適用しない通常のタンクで済みます。
　20号タンクとは、危険物政令第9条第20号に該当するタンクのことで、タンクの位置・構造および設備の例が示されています。
(1)タンクは3.2 mm以上の鋼板で製作し、水張試験に合格すること。
(2)タンクの外面はさび止めのため塗装すること。
(3)圧力タンク以外のタンクには通気管を設けること。
(4)危険物の量を自動的に検出できる装置（油面計）を設けること。
(5)注油口は火災の予防上支障のない場所に設けること。
(6)ドレンコックなどは鋼製で危険物が漏れないものであること。
(7)タンクの水抜き管はタンク側板に設けること。
(8)配管は鋼製その他の金属製のものとし、ゴムホースは極力使用しないこと。

❷第4石油類の総量規制

　単一のタンク容量が指定数量以下でも、下記の総量規制が適用され、消防法の対象となります。この場合には指定数量の1/5未満のタンクでも20号タンクが適用されます。
(1)同一室内にある同じ種類の作動油のタンク容量の総和が6000 L以上。
(2)同一室内にある種類の異なる作動油は、その種類ごとの指定数量の割合が1またはそれ以上になる場合。

表 2-11　第4類危険物の分類

分類	引火点	性質	主な石油製品	指定数量
第1石油類	21℃未満	非水溶液	ガソリン	200 L
		水溶液	アセトン	400 L
第2石油類	21℃以上 70℃未満	非水溶液	灯油・軽油	1000 L
		水溶液	酢酸	2000 L
第3石油類	70℃以上 200℃未満	非水溶液	重油・クレオソート油	2000 L
		水溶液	グリセリン	4000 L
第4石油類	200℃以上 250℃未満	非水溶液	ギヤ油・シリンダ油	6000 L

表 2-12　作動油の引火点

	石油系 VG46	石油系 VG68	水グリコール	リン酸エステル	脂肪酸エステル
引火点（℃）	242	258	なし	290	300
消防法区分	第4石油類	非危険物	非危険物	非危険物	非危険物

> **要点 ノート**
> 作動油は第4石油類の危険物に該当するものがあり、この場合には油タンクの構造などは消防法の適用が規定されており注意が必要です。

5 法規

高圧ガス保安法

　高圧ガス保安法とは、昭和26年6月7日に公布された法律で、平成8年に高圧ガス取締法から高圧ガス保安法に改称されています。
　この目的は第1条で次のように規定されています。
(1) 高圧ガスによる災害から公共の安全を確保すること。
(2) 高圧ガスによる災害を防止するため、高圧ガスの製造、貯蔵、販売、移動、取扱、消費、容器の製造を規制する。
(3) 民間事業者および高圧ガス保安協会による自主保安を推進する。
　高圧ガスとは第2条で次のように定義しています。
　この法律で高圧ガスとは、常温の温度でゲージ圧力が、1 MPa以上の圧縮ガス。また、温度が35℃のとき、1 MPa以上となる圧縮ガス（アセチレンガスを除く）を言います。
　日本国内でアキュムレータを使用する場合には、「高圧ガス保安法」と「労働安全衛生法」の適用を受けます。
　容積に関係なく、1 MPa以上で使用するアキュムレータは高圧ガス製造設備に該当し優先的に「高圧ガス保安法」の適用を受け、「労働安全衛生法」の適用は除外されます。高圧ガス保安法では、処理能力が300 m^3／日以上は第1種製造者に該当し都道府県への許可申請が必要になり、300 m^3／日未満は第2種製造者に該当し都道府県への届出が必要になります。
　ただし「その他製造」に該当すると許可および届出は不要になります。

❶ **高圧ガス製造設備とは？**
　アキュムレータの液体でガスを圧縮する行為が高圧ガスの製造と見なされ、アキュムレータは高圧ガス保安法に合格したものでなければなりません。

❷ **処理能力とは？**
　アキュムレータの処理能力（一般規則第2条の規定による）
　処理能力　$Q = V \times 10P$
　ここに、Q：アキュムレータの処理能力の数値（m^3／日）
　　　　　V：アキュムレータの内容積の数値（m^3）
　　　　　P：アキュムレータの最高圧縮圧力の数値（MPa）

例えば、60Lアキュムレータ1本、最高圧力21 MPaの場合は

$$Q = 60 \times 10^{-3} \times 10 \times 21 = 12.6 \text{ (m}^3\text{／日)}$$

❸「その他製造」に該当する条件とは？

高圧ガス保安法：一般高圧ガス保安規則第13条において、下記の(1)～(3)の全てを満たすアキュムレータは、「その他製造」に該当し、許可または届出が不要になります。

(1)不活性ガスまたは空気を封入していること。
(2)外部のガス供給源と配管によって接続されていないもの。
(3)設計圧力を超える圧力にならないもの（**図2-54**）。

図2-54 「その他製造」に該当するアキュムレータの条件

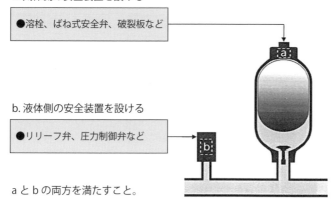

(3)設計圧力を超える圧力にならないもの

a. 気体側の安全装置を設ける
●溶栓、ばね式安全弁、破裂板など

b. 液体側の安全装置を設ける
●リリーフ弁、圧力制御弁など

aとbの両方を満たすこと。

> **要点 ノート**
>
> アキュムレータは高圧ガス保安法の適用を受けることになります。この場合、高圧ガス保安法に合格したアキュムレータを使用することと、設置する都道府県に高圧ガス製造設備の申請または届け出が必要になります。

5 法規

防爆指針①
防爆対策の考え方と爆発性ガスの分類

　工場その他の事業場において、アンモニア、プロパン、ガソリンなどの爆発性ガス雰囲気中で一般の電気機器を使用すると、電気が発生する電気火花または熱によりガスが爆発する危険があります。

　日本では、労働安全衛生規則の第280条で、爆発の危険のある場所では爆発性ガスの種類に応じた防爆性能を有する防爆構造の電気機械器具を使用するように事業者に義務付けています。

　この防爆についての詳細な技術基準や運用については、独立行政法人産業安全研究所の「工場電気設備防爆指針」（ガス蒸気防爆2006）があり、一般にはこの活用を推奨しています。

❶防爆対策の考え方

　危険場所において、電気設備に基づく爆発または火災が発生するためには、爆発性雰囲気と発火源が共存することが条件であり、防爆対策の基本はこの条件が成立しないような措置を講ずることになります。

　爆発性雰囲気を生成させないためには、爆発性ガスの漏洩、放出や対流を防止することです。可燃性ガス警報装置の設置などが望ましいと言えます。

　また、発火源とならないように電気機器に防爆性を持たせる方法は、次の3つになります。

(1)　発火源の隔離
・電気機器の発火源と爆発性ガスを隔離し接触させない方法（内圧防爆構造）および（油入防爆構造）。
・電気機器内部の爆発を周囲の爆発性ガスに波及させない方法。（耐圧防爆構造）

(2)　安全度の増強（安全増防爆構造）
・正常な状態では発火源が存在しない電気機器の安全度を増す方法。

(3)　発火能力の本質的な抑制（本質安全防爆構造）
・弱電流回路の電気機器において、正常時、事故時とも爆発しないだけの発火能力に抑制する方法。

❷「構造規格」における爆発性ガスの分類

　爆発性ガスは、その火炎逸走限界の値によって1、2および3の3段階の爆発

等級に分類し（**表2-13**）、さらにその発火温度の値によって、G1、G2、G3、G4およびG5の5段階の発火度に分類（**表2-14**）しています。

　火炎逸走限界とは、電気機器の接合面の隙間を通って爆発の火炎が内部から外部へ伝搬することを阻止し得る最大の隙間を言います。

　一般に工場などで取り扱われる代表的な爆発性ガスについて、爆発等級および発火度を分類したものを**表2-15**に示します。

表 2-13 | 爆発等級の分類

爆発等級	火炎逸走限界の値（mm）
1	0.6を超えるもの
2	0.4を超え0.6以下のもの
3	0.4以下

表 2-14 | 発火度の分類

爆発性ガスの発火温度（℃）	発火度	電気機器の許容温度（℃）
450を超えるもの	G1	360
300を超え450以下のもの	G2	240
200を超え300以下のもの	G3	160
135を超え200以下のもの	G4	110
100を超え135以下のもの	G5	80

備考　電気機器の許容温度は周囲温度40℃を含む。

表 2-15 | 爆発性ガスの爆発等級および発火度の一例

発火度 爆発等級	G1	G2	G3	G4	G5
1	アセトン アンモニア 一酸化炭素 エタン 酢酸 トルエン ベンゼン メタン	エタノール 酢酸イソペンチル 酢酸エチル 1-ブタノール ブタン プロパン 無水酢酸 メタノール	ガソリン ヘキサン	アセトアルデヒド ジエチルエーテル	
2	石炭ガス	エチレン エチレンオキシド			
3	水性ガス 水素	アセチレン			二硫化炭素

> **要点 ノート**
>
> 電気機器の防爆方法には、発火源の隔離、安全度の増強、および発火能力の抑制の3つがあります。爆発性ガスは、爆発等級と発火度で分類しています。

5 法規

防爆指針②
防爆電気機器の選び方

❶防爆電気機器の分類

日本では、防爆電気機器と適用する爆発性ガスの対応で2通りがあります。労働省告示の「電気機器防爆構造規格」と労働省労働基準局通達の「技術的基準」です。

技術的基準では、爆発性ガスを直接分類することはせず、坑内専用のグループⅠとその他のグループⅡに分類し、さらに耐圧防爆構造および本質安全防爆構造の電気機器は**表2-16**および**表2-17**のとおり、爆発性ガスの特性を考慮してⅡA、ⅡB、ⅡCと分類しています。

また、全ての防爆電気機器について、対応する爆発性ガスの発火温度を考慮してT1からT6までの6段階の温度等級に分類しています（**表2-18**）。

❷爆発危険個所の種別

危険個所は、爆発性雰囲気の存在する時間と頻度に応じて、次の3つの種別に分類しています。

特別危険個所（連続または長時間にわたって、もしくは頻繁に存在する場所）、第一類危険個所（しばしば生成する可能性のある場所）および第二類危険個所（生成する可能性は少なく、生成した場合でも短時間しか持続しない場所）

❸防爆電気機器の選定

防爆電気機器の選定の原則を**表2-19**に示します。

また、防爆電気機器の性能表示方法を**図2-55**に示します。

表 2-16	最大安全隙間に対応する防爆電気機器の分類
耐圧防爆構造の電気機器分類	最大安全隙間の値（mm）
ⅡA	0.9以上
ⅡB	0.5を超え0.9未満
ⅡC	0.5以下

表 2-17	最小点火電流に対応する防爆電気機器の分類
本質安全防爆構造の電気機器分類	最小点火電流比（メタン＝1）
ⅡA	0.8を超えるもの
ⅡB	0.45を超え0.8以下のもの
ⅡC	0.45以下

表 2-18 電気機器の温度等級に対応する爆発性ガスの分類

電気機器の最高表面温度（℃）	温度等級	爆発性ガスの発火温度（℃）
450	T1	450を超えるもの
300	T2	300を超えるもの
200	T3	200を超えるもの
135	T4	135を超えるもの
100	T5	100を超えるもの
85	T6	85を超えるもの

備考　電気機器の最高表面温度は周囲温度40℃を含む。

表 2-19 電気機器の防爆構造の選定の原則

準拠規格	防爆構造の種類と記号	特別危険個所	第一類危険個所	第二類危険個所
構造規格	本質安全防爆構造 ia	○	○	○
	本質安全防爆構造 ib	×	○	○
	耐圧防爆構造 d	×	○	○
	内圧防爆構造 f	×	○	○
	安全増防爆構造 e	×	×	○
	油入防爆構造 o	×	△	○
	非点火防爆構造 n	×	×	○
	樹脂充填防爆構造 ma	○	○	○
	樹脂充填防爆構造 mb	×	○	○
	特殊防爆構造 s	—	—	○
技術的基準	本質安全防爆構造 Exia	○	○	○
	本質安全防爆構造 Exib	×	○	○
	耐圧防爆構造 Exd	×	○	○
	内圧防爆構造 Exp	×	○	○
	安全増防爆構造 Exe	×	○	○
	油入防爆構造 Exo	×	○	○

備考 1. 表中の記号○、△、×、—の意味は、次のとおりである。
　　○印：適するもの
　　△印：法規では容認されているが、避けたいもの
　　×印：適さないもの
　　—印：適用されている防爆原理によって適否を判断すべきもの

図 2-55 防爆電気機器の性能表示方法

爆発等級の分類

防爆構造の種類　　　　　発火度の種類
d：耐圧防爆構造
o：油入防爆構造
f：内圧防爆構造
e：安全増防爆構造
i：本質安全防爆構造
s：特殊防爆構造

例えば、d2G4 は爆発等級 2 級（1 級も含む）および発火度 G4（G1 から G3 も含む）の爆発性ガスに対して防爆性能が保証されていることを示している。

要点 ノート

防爆電気機器を選定する際は、爆発性ガスの種類と爆発危険個所の種別を決定し、適正な防爆構造を選定し、爆発等級と発火度を満たした検定品を使用することが義務付けられています。

コラム

● ターフパーホレータ ●

　以前、競馬場の芝の発育をよくする機械の開発に携わったことがあります。
　直径20 mm、深さ200 mm、ピッチ200 mmの穴は、馬場の通気性と排水性を良くし、芝コースの芝の根腐れを防ぐために効果が大きいことが既に検証されていました。開発はその穴掘りの自動化が目的でした。
　下の図はそのときの仕組みの概要ですが、走りながら穴を掘っていきます。トラックのエンジンとシャーシだけを流用し、走行からドリルの回転、ドリルの上下運動など全てが油圧駆動式です。
　穴を掘っている最中は、掘削ドリルを走行速度に同期させながら後退させる必要があり、掘削ドリルの横行にメカニカルサーボ弁を用いました。

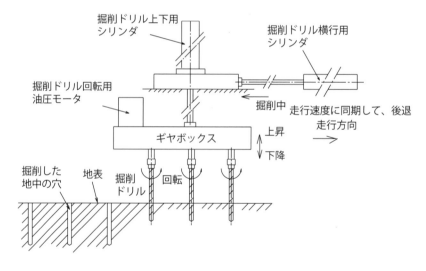

　一番懸念していたところは上手くいきました。しかし、走行しながらのドリル掘削が予想以上にトルクを必要としたこと、また、ドリルを土中から抜く瞬間は反力がなくなり、大きなショックが発生したことなどで、何回か競馬場に足を運びました。
　油圧は圧力と流量をそれぞれ個別に調整することで、最適な動作を容易に求めることができる、柔軟な制御性が特徴の1つですが、この開発はそのことを実証したテストにもなりました。

【 第**3**章 】

これだけは知っておきたい
油圧化の実際

1 油圧化の手順

油圧システムの設計手順

　油圧システムに必要な条件は図3-1のように表せます。この中で特に重要なのが機械仕様の把握になります。その主な機械仕様を❶～❹に示します。
　また、油圧システムの設計手順の概要を図3-2に示します。

❶機械の特性
(1)機械の構造
(2)油圧化の動力伝達機構
(3)油圧化する機械動作の特性
　　a）負荷の種類と大きさ（摩擦抵抗、慣性負荷、粘性負荷、弾性負荷）
　　b）変位、速度、加速度
　　c）制御精度（位置、速度、荷重）

❷機械の使用条件
(1)機械の設置場所
　　a）屋内、屋外
　　b）高度
　　c）アクチュエータと油圧ユニットとの間の配管長さおよび高低差
(2)設置場所の環境
　　a）周囲温度、湿度
　　b）ほこりの種類と程度
　　c）腐食および爆発性雰囲気
　　d）機械振動、地震
　　e）許容される最大騒音レベル
　　f）駆動源の種類と容量（産業機械の場合は電圧、周波数、相の種類）
　　g）マシンコントローラとのインターフェイス
(3)稼働時間（連続運転、緊急時のみの運転など）

❸保守条件
　利用可能な搬送設備、保守スペース、作業性、互換性など

❹適用規格、法規
　JIS規格の他に機械安全や環境保全への対応が必要です。

第3章 油圧化の実際

図 3-1 油圧システムの必要条件

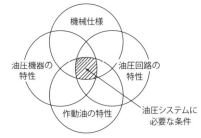

図 3-2 油圧システムの設計手順

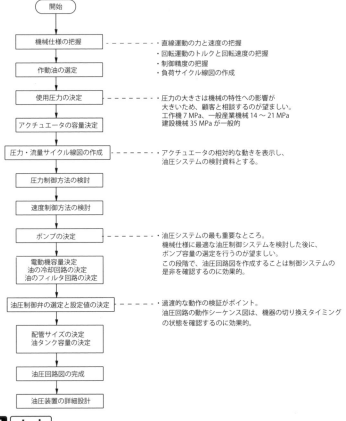

- 直線運動の力と速度の把握
- 回転運動のトルクと回転速度の把握
- 制御精度の把握
- 負荷サイクル線図の作成

圧力の大きさは機械の特性への影響が大きいため、顧客と相談するのが望ましい。
工作機 7 MPa、一般産業機械 14〜21 MPa
建設機械 35 MPa が一般的

アクチュエータの相対的な動きを表示し、油圧システムの検討資料とする。

油圧システムの最も重要なところ。
機械仕様に最適な油圧制御システムを検討した後に、ポンプ容量の選定を行うのが望ましい。
この段階で、油圧回路図を作成することは制御システムの是非を確認するのに効果的。

過渡的な動作の検証がポイント。
油圧回路の動作シーケンス図は、機器の切り換えタイミングの状態を確認するのに効果的。

要点 ノート

油圧はあらゆる機械に用いられるために、標準的な油圧システムの仕様書を作成し、これを活用することによって、効率良く仕様の把握が行えます。また、設計に当たっては設計手順を守ることが間違いをなくすことにつながります。

❰1❱ 油圧化の手順

直線運動の負荷解析

　機械の動きは直線運動と回転運動が代表的です。ここでは直線運動に油圧シリンダを用いる例を示します。
　図3-3に油圧シリンダの具体的な使い方の例を示しました。
　図3-3ではシリンダ負荷として摩擦抵抗、重力およびレバーやリンク機構の特徴だけを記載していますが、実際の直線運動はこんなに単純ではありません。下記のようないろいろな抵抗を受けます。

静摩擦抵抗　　$F_1 = \mu_S mg$（N）

動摩擦抵抗　　$F_2 = \mu_D mg$（N）

慣性負荷　　　$F_3 = ma = m\dfrac{V}{t}$（N）

弾性負荷　　　$F_4 = kx$（N）

ここに、μ_S：しゅう動面の静摩擦係数（一般に0.1〜0.2程度）
　　　　μ_D：しゅう動面の動摩擦係数（一般に0.01〜0.05程度）
　　　　m：負荷の質量（kg）
　　　　g：重力加速度（m/s^2）
　　　　a：加減速度（m/s^2）
　　　　V：シリンダの速度差（m/s）
　　　　t：加減速時間（s）
　　　　k：ばね定数（N/mm）
　　　　x：ばねの変位量（mm）

　油圧化に当たってシリンダの動きを満足させるためには、シリンダの推力を確保することが必須です。このためにはシリンダの各工程における負荷を解析し、図3-4に示す「負荷サイクル線図」で表すのが効果的です。
　この負荷サイクル線図は、横軸を時間、縦軸を負荷の大きさとし、シリンダの1サイクルの状態を表します。なお、負荷は正負荷と負負荷の特性も表し、負荷条件が一目でわかるようにします。

第3章 油圧化の実際

図 3-3 | 油圧シリンダの使い方

(a) 水平荷重

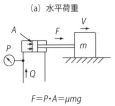

$F = P \cdot A = \mu mg$
$V = \dfrac{Q}{A}$

(b) 傾斜面の荷重

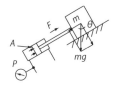

$F = P \cdot A = \mu mg \cos\theta + mg \sin\theta$

(c) 垂直荷重

$F = P \cdot A = mg$

(d) レバー機構

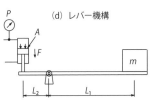

$F = P \cdot A = \dfrac{L_1}{L_2} mg$

(e) リンク機構

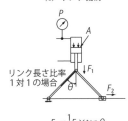

リンク長さ比率 1対1の場合

$F_2 = \dfrac{1}{2} F_1 \times \tan\theta$

図 3-4 | 負荷サイクル線図（水平荷重の前進動作の例）

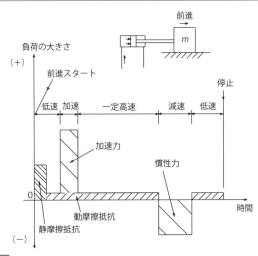

> **要点 ノート**
>
> 油圧化を進めるには、アクチュエータの負荷の解析が最も重要です。解析結果を「負荷サイクル線図」に示し、1サイクルにおける負荷の大きさと負荷の向きがわかるようにします。

【1】油圧化の手順

油圧シリンダの選定

　負荷の大きさからシリンダ（図1-44参照）を選定しますが、使用圧力はマシンの性能特性への影響が大きいため、慎重にこれを決める必要がありますが、現状の使用圧力レベルに従うことを推奨します。
　シリンダの大きさは下記の式から求めています。

$$\text{ピストンロッド径} \quad d = \sqrt{\frac{4FS}{\pi \sigma}} \quad (\text{mm}) \tag{3-1}$$

求めたロッド径にねじ部を考慮し、$+a$（20〜30％）大きく取ります。

$$\text{ピストンロッド断面積} \quad A_1 = \frac{\pi d^2}{4} \quad (\text{mm}^2)$$

$$\text{シリンダ有効面積} \quad A_2 = \frac{F}{P_R} \quad (\text{mm}^2)$$

$$\text{シリンダ内径} \quad D = \sqrt{\frac{4(A_1 + A_2)}{\pi}} \quad (\text{mm}) \tag{3-2}$$

ここに、F：シリンダ負荷（N）　　S：安全率（一般に10）
　　　　σ：引張強さ（N/mm²）　P_R：使用圧力（MPa）

　計算結果からシリンダの大きさを決めるに当たっては、チューブ内径およびロッド径を規定しているJIS B8366-1の基準寸法の中から選定するのが望ましいと言えます。
　またピストンロッドに圧縮力を受ける場合には、座屈強度が不足し、大きなたわみが生じると焼き付き、パッキンの異常摩耗などの原因になるので、座屈強度を検討する必要があります。座屈荷重は、一般に下記の式で求めます。

$$W = \frac{n \pi^2 EI}{l^2} \tag{3-3}$$

ここに、W：座屈荷重（N）
　　　　n：ロッドの取付け条件による端末係数（**図3-5**端末係数参照）
　　　　E：ロッドの縦弾性係数（N/cm²）

I：ロッド横断面の最小慣性モーメント　$I = \dfrac{\pi d^4}{4}$（cm⁴）

l：取付け長さ（cm）（図3-5参照）

　油圧シリンダにおけるその他の注意事項

(1) シリンダの推力効率

　理論シリンダ力に対する有効シリンダ力の比率ですが、使用圧力によって異なるもので、計画時には注意が必要です。

　　一般に　3.5 MPa未満は　λ = 約0.93～0.96

　　　　　　3.5 MPa以上は　λ = 約0.97

(2) シリンダ速度

　速すぎる場合は、パッキン類の寿命が著しく短くなり、ロッドからの油漏れにつながります。遅すぎる場合はスティックスリップ現象の原因になり、標準シリンダでは0.3～18 m/minを推奨速度範囲としています。これを外れる場合は特殊シリンダになります。

(3) シリンダクッション能力

　シリンダのクッション機構で吸収できるエネルギーは非常に小さいため、減速方法は次を推奨しています。

　　シリンダ速度　6 m/min以内：通常はクッション機構不要

　　　　　　　　　6～15 m/min：クッション機構が必要

　　　　　　　　　15 m/min以上：外部にクッション機構を要す

図3-5　ロッドの端末係数

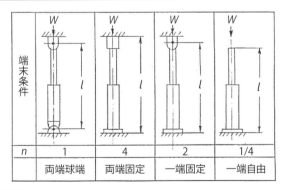

要点ノート

シリンダの使用圧力の大きさは実績によるのが望ましい。圧縮力を受ける細長いシリンダは座屈強度を検討する必要があります。その他の注意として、シリンダの推力効率、速度およびシリンダクッション能力があります。

【1】油圧化の手順

回転運動の負荷解析

　ここでは機械の回転運動に油圧モータを用いる例として巻き上げ装置を示します。図3-6はドラムで負荷を巻き上げる例です。

　トルクとは回転させるときに必要な力の大きさのことで、荷重に回転半径を掛け合わせたもので、単位はニュートン・メートル（N・m）です。

　回転負荷の速度を速くするには加速トルクが必要ですが、この加速トルクを求めるには負荷の慣性モーメントを知る必要があります。

　回転する物体の質点の慣性モーメントは $J = mr^2$（kg-m^2）と定義され、その質点の質量と回転半径の2乗を掛け合わせたものです。実際の物体の慣性モーメントは全ての質点について積分したものです。

　円柱の中心で回転する物体の慣性モーメントは、$J = \dfrac{mD^2}{8}$ となります。

　ここに、m：円柱の質量（kg）D：円柱の直径（m）

　慣性モーメントは回転運動のしにくさを表すもので、加減速時間は下図の計算式から求めます。

$$T = \frac{2\pi (n_2 - n_1) J}{60 t} \text{より} \quad t = \frac{2\pi (n_2 - n_1) J}{60 T}$$

　ここに、T：加減速トルク（N-m）
　　　　　J：負荷の慣性モーメント（kg・m^2）
　　　　　n_1：加減速前の回転速度（min^{-1}）
　　　　　n_2：加減速後の回転速度（min^{-1}）
　　　　　t：加減速時間（s）

　図3-7は回転運動の負荷サイクル線図の例です。縦軸をトルクの大きさとして表します。

図 3-6 油圧モータの使い方

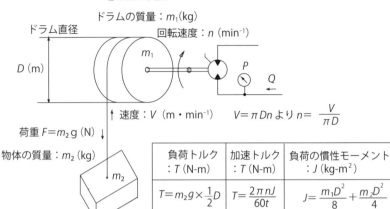

図 3-7 負荷サイクル線図（巻き上げ装置の例）

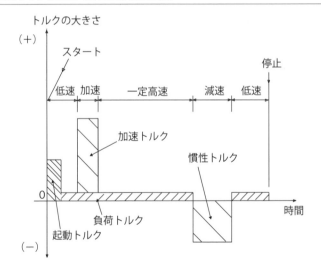

> **要点 ノート**
> トルクとは回転させるときに必要な力の大きさです。回転負荷の速度を速くするには加速トルクが必要で、この加速トルクの大きさを求めるには負荷の慣性モーメントを知る必要があります。

1 油圧化の手順

油圧モータの選定

　回転負荷の解析から最大の負荷トルクおよび回転速度の使用範囲を求めたら、負荷トルクの大きさから油圧モータの大きさを選定します。

　　油圧モータの出力トルク　　$T = \dfrac{P \cdot D_{th} \cdot \eta_m}{2\pi}$（N・m）より　　　（3-4）

　　油圧モータの押しのけ容積は　　$D_{th} = \dfrac{2\pi \cdot T}{P \cdot \eta_m}$（cm³）から求めます。

　ここに、P：使用圧力（MPa）　　η_m：油圧モータのトルク効率

　なお、図3-8に各種モータの出力トルク範囲と制御回転速度の範囲を示しています。実際に油圧モータを決める際は、出力トルクと回転速度がこの油圧モータの特性の範囲内にあるものから選定します。

　油圧モータ選定の際の注意事項

❶始動トルク

　摩擦抵抗に静摩擦抵抗と動摩擦抵抗があるように、油圧モータ自身も起動時の出力トルクと回転中の出力トルクに差が生じます。

　JISでは静止状態から始動するとき、モータから取り出せる最低トルクを始動トルク（starting torque）と呼び、運転中に有効に使用できるトルクを有効トルクと呼んでいます。

　一般のカタログの数値はこの有効トルクを指している場合が多く、始動トルクについてはメーカーに確認する必要があります。

❷ブレーキ動作（ポンピング作用）

　油圧モータをブレーキ動作させる場合には、油圧モータはポンプ作用をしますが、このとき、どの程度のブースト圧力が必要かを確認します。

　例えば、偏心カム形のモータなどでは、負圧になるとピストンが偏心カム面から離れ、モータが損傷する原因になります。

　図3-9はブースト回路の推奨例です。タンクラインのチェック弁で背圧を立てて、負圧の発生を防止するものです。

❸サーマルショック

　油圧モータを屋外設置する場合には、起動時に、高温の作動油が流れ込むと

著しく大きな温度差が生じ、熱膨張による焼き付き（サーマルショック）の不具合が起こることもあり、事前に対策を検討する必要があります。

図 3-8 | 油圧モータの特性比較

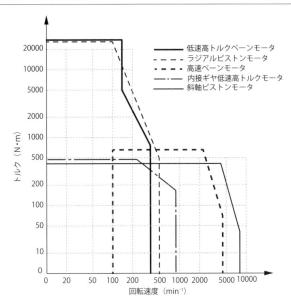

図 3-9 | 油圧モータの推奨ブレーキ回路例

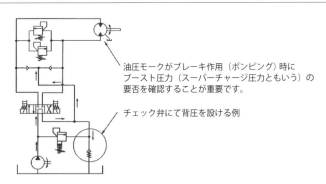

油圧モークがブレーキ作用（ポンピング）時にブースト圧力（スーパーチャージ圧力ともいう）の要否を確認することが重要です。

チェック弁にて背圧を設ける例

要点 ノート

油圧モータはポンプと似た構造ですが、使用条件が大きく異なるため、条件がより厳しくなるのが一般的です（表 1-10 参照）。始動トルク、ブレーキ動作、サーマルショックは特に要注意です。

1 油圧化の手順

サイクル線図の作成

　アクチュエータの大きさが決まったら、それぞれのアクチュエータが必要とする圧力、流量を求め、その後に、応用機械として必要な1サイクルの圧力-流量の特性線図を作成します。

　この圧力-流量のサイクル線図は、最適な油圧システムを構築するために用いるものです。ここでは紙面の都合もあり、簡単な一例を示しています。

①油圧シリンダの所要圧力-流量（単位に十分注意）。

押し動作の圧力　　$P_1 = \dfrac{F_1}{A_h \cdot \lambda} \times 10^{-2}$　（MPa）　　　　　　　　　　（3-5）

押し動作の流量　　$Q_1 = A_h \cdot V_1 \times 10^{-1}$　（L/min）　　　　　　　　　（3-6）

引き動作の圧力　　$P_2 = \dfrac{F_2}{A_{h-r} \cdot \lambda} \times 10^{-2}$　（MPa）

引き動作の流量　　$Q_2 = A_{h-r} \cdot V_2 \times 10^{-1}$　（L/min）

ここに、A_h：シリンダのキャップ側面積 $= \dfrac{\pi}{4} D^2 \times 10^{-2}$（cm²）

　　　　A_{h-r}：シリンダのロッド側面積 $= \dfrac{\pi}{4} (D^2 - d^2) \times 10^{-2}$（cm²）

　　　　D　：シリンダ内径（mm）、d：ロッド径（mm）
　　　　F_1　：押しの力（N）、F_2：引きの力（N）
　　　　λ　：シリンダの推力効率（0.93～0.97）
　　　　V_1　：押しの速度（m/min）、V_2：引きの速度（m/min）

②油圧モータの所要圧力-流量

所要圧力　　$P = \dfrac{2\pi \cdot T}{D_{th} \cdot \eta_m}$　（MPa）　　　　　　　　　　　　　　（3-7）

所要流量　　$Q = \dfrac{D_{th} \cdot n}{\eta_V} \times 10^{-3}$　（L/min）　　　　　　　　　　　（3-8）

ここに、T：負荷トルク（N・m）　　D_{th}：押しのけ容積（cm³）
　　　　n：回転速度（min⁻¹）　　η_m：油圧モータのトルク効率
　　　　η_V：油圧モータの容積効率

図3-10に圧力-流量サイクル線図の一例を示します。

この図は、負荷の静摩擦、動摩擦や慣性モーメントについて検討した結果のアクチュエータが必要な圧力-流量を表します。

また、1枚の図面にアクチュエータの種類、名称および負荷の特性の概要がわかるように示し、同時に各アクチュエータの1サイクルの間に必要な圧力-流量の大きさを記述します。

その他には、各アクチュエータの相対的な動作がわかるようにします。特に同時動作がある場合は、油圧に求める条件を明確にします。また、機械安全のインターロックの関係および、制御精度を明記するようにします。

このサイクル線図を基に、最適な油圧システムを検討していきます。

図3-10 | 圧力-流量サイクル線図

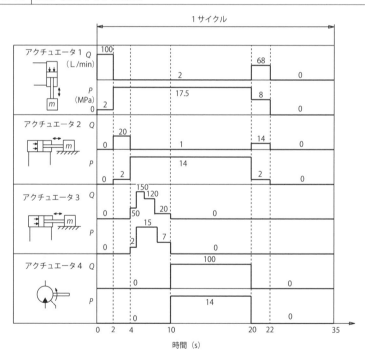

要点 ノート

アクチュエータの大きさを決めたら、圧力-流量のサイクル線図を作成します。これは最適な油圧制御システムを構築するために用いるものですが、特に同時動作の関係がわかるために有効なツールとなります。

1 油圧化の手順

圧力制御方法の検討

　全体の圧力－流量のサイクル線図を作成し、機械の仕様を把握したら、次は圧力制御の方法を検討します。
　一般には圧力制御の方法は下記の5つになります。
①リリーフ弁による圧力制御
　ポンプ吐出油の圧力制御、サーマルリリーフ、外部の衝撃による圧力ピークの除去などを行う場合に用います。
②減圧弁による圧力制御
　主ラインの圧力よりも低い圧力を分岐させる場合に用います。
③可変ポンプ自身による圧力制御
　カットオフ機能により吐出圧力をポンプ自身で制御する場合に用います。
④定容量ポンプの両方向回転による圧力制御
　ベーンポンプ、ギヤポンプなどの定容量ポンプをサーボモータにより正逆回転させ、圧力制御を行うものです。
⑤カウンタバランス弁、ブレーキ弁による圧力制御
　重力および慣性力に対し、ブレーキ動作を行う場合に用います。
　圧力制御の方法をどのように決めていくかの手順について、図3-11に示しました。この中で特に注意するのは次の点です。
　図中の※1のロッキング回路（ここでは完全に漏れのない回路を意図して、密封回路としました）では、太陽による熱エネルギーで作動油が膨張し、昇圧することがあります。このような場合、昇圧を抑えるには内部漏れのない直動形リリーフ弁を用います。
　図中※2はプレス機械などの加圧部の容積が大きい場合の降圧動作です。降圧動作は、圧油をタンクへ逃がす必要がありますが、一方向回転の可変ポンプは、一般に逆流させる流量には制限があり、大流量は流せません。大流量の降圧動作を行うにはパイロット作動形リリーフ弁を用います。
　図中※3の減圧弁を用いる場合、圧力ピークを抑える場合にはパイロット作動形よりも直動形の減圧弁を優先します。
　図中※4は重力および慣性力に対し、アクチュエータが暴走するのを防ぐ場

合です。流量調整弁の場合は、シリンダの面積比で増圧されることがあるので注意を要します。

図 3-11 圧力制御方式の検討

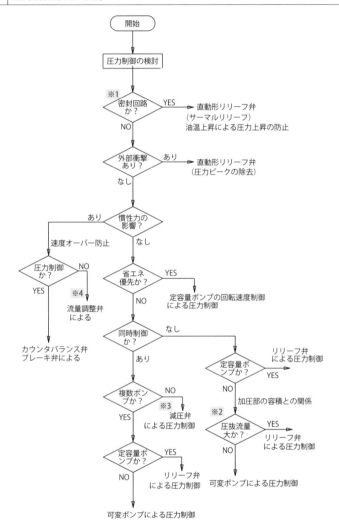

> **要点 ノート**
>
> 圧力制御方法の基本は5通りですが、その使い分けは省エネルギー性の優先度、油温変化による圧力上昇の有無、圧抜きに要する流量の大きさ、外部からの衝撃による圧力ピークの許容値、重力・慣性力の有無などによります。

1 油圧化の手順

速度制御方法の検討

　圧力制御の次に速度制御の方法を検討します。
　一般に速度制御の方法は下記の5つになります。
①流量調整弁によるメータイン制御
　ここでは、メータイン制御としての可変容量形ポンプの傾転角制御によって吐出流量を変える方法およびACサーボモータで定容量ポンプの回転速度によって吐出流量を変える方法を除きます。
②流量調整弁によるメータアウト制御
③流量調整弁によるブリードオフ制御
④差動回路
⑤同期制御
　具体的にどのように速度制御の方法を決めるのかを**図3-12**に示します。基本的には摩擦、粘性、ばね性などの抵抗力、重力、慣性力に対し、アクチュエータがバキュームにならないように、またエネルギー消費が最も小さくなるように速度制御の方法を決めます。
　この中で特にポイントになるのは次の点です。
　水平負荷（図中※1）でスタート時にショックがないことを優先する場合は、メータイン制御が基本になります。しかし、停止位置の精度を優先する場合は、メータアウト制御が基本です。水平負荷で慣性力の影響がない場合は、省エネルギー化が容易に達成できるブリードオフ制御が基本です。ただし、ブリードオフ制御はポンプの供給流量の変動は、速度の変動につながります。このため、ポンプ供給流量の変動の影響をなくし、省エネルギーを図るために、多くはメータインブリードオフ制御が用いられます。
　垂直負荷の場合には重力を受けるため、水平負荷とは少しやり方が異なります。
　上昇動作（図中※2）は、ブリードオフ制御が基本です。
　重力を利用する自重降下が可能な場合には、自重降下によるメータアウト制御が省エネルギーでショックレスの達成が最も容易な方法です。
　反転負荷（図中※3）の場合は、負荷が正から負に変わるため、メータイン

制御に外部パイロット形のカウンターバランス弁による背圧回路を追加した省エネルギー対応が一般的です。

図 3-12 速度制御方法の検討

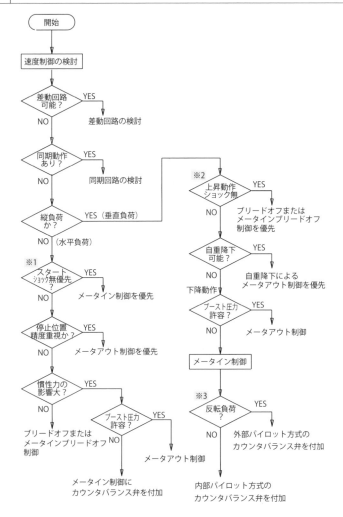

> **要点 ノート**
>
> 速度制御の方法を検討する基本は、スタート時のショックもなく、外部負荷に対してアクチュエータがバキュームにならず、またエネルギー消費は最小になるようにすることです。

【2】油圧ポンプの選定

シリンダの圧力−流量サイクル線図の作成

　油圧システムを構築する際に最も肝心なところが油圧ポンプの選定になります。イニシャルコスト、ランニングコスト、入手性など多くの要因がありますが、このポンプの構成がそれらに最も大きな影響を及ぼすためです。

　ここではプレスの例でポンプの選定方法について示します。

　表3-1にプレス機械の仕様を示します。また、シリンダの大きさ、速度、推力の条件から、駆動に必要な圧力と流量を求めます。

$$Q_5 = \frac{V \cdot \Delta P}{K \cdot t} \times 60 = \frac{(3115 \times 148 \times 10^{-3}) \times (19.3 - 6.4)}{1700 \times 0.5} \times 60 = 420 \quad (3\text{-}9)$$

　ここに、V：ラムシリンダ容積、ΔP：圧力差　K：油の体積弾性係数、t：降圧時間

　表3-1で求めたシリンダの所要圧力と流量を基に、図3-13のようなシリンダの圧力−流量サイクル線図を作成します。本図では、機械の動作がわかりやすいように、シリンダ位置とシリンダ推力も併記しています。

　この図から、次の事項を確認します。

(1)　ラムシリンダによる圧力制御中は、可動部の重量をキャンセルするためにサイドシリンダのロッド側の背圧制御を同時に行う必要があります。
(2)　ラムシリンダの容積が461 Lのボリュームでは、高圧から低圧への降圧制御に420 L/minの圧抜き流量が必要です。このため、ピストンポンプによる圧抜きは困難であり、リリーフ弁による降圧制御が必要です。
(3)　自重キャンセル動作中のラムシリンダ圧力は大きく変動します。自重キャンセルの供給圧力をラムシリンダから導くと制御圧力に影響します。このため、自重キャンセル回路の圧力源は専用のパイロットポンプが望ましいと言えます。

　この段階で、最適な油圧制御システムのポンプを決定するのは困難です。そこで、いくつかのポンプシステムの特性を比較検討し、その結果を判断材料にします。

第3章 油圧化の実際

表 3-1 プレス機械の仕様および所要流量-圧力の検討結果

				高速下降	低速下降	加圧	圧力制御1	降圧制御	圧力制御2	離型	高速上昇	低速上昇	待機
作動時間:t			s	4	2	2	20	0.5	10	5	4	2	10.5
速度:V			mm/s	300	80	10	5	0	1	10	325	70	0
シリンダ位置:S			mm	1200	1360	1380	1480	1480	1490	1440	140	0	0
推力:F_1			kN	—	—	5000	6000	2000	2000	250	100	100	
可動部重量:F_2			kN	100									
シリンダ面積	ラムシリンダ:A_1		cm²	3115									
	キャップ側:A_2 (シリンダ2本分)		cm²	245			記事:加圧〜圧力制御の間は自重キャンセル							
	ロッド側:A_3 (シリンダ2本分)		cm²	166									
シリンダ流量	ラムシリンダ:$Q_1 = A_1 * V * 60 * 10^{-4}$		L/min	5607	1495	187	93	0	19	187	6074	1308	0
	キャップ側:$Q_2 = A_2 * V * 60 * 10^{-4}$		L/min	441	118	15	7	0	1	15	478	103	0
	ロッド側:$Q_3 = A_3 * V * 60 * 10^{-4}$		L/min	299	80	10	5	0	1	10	324	70	0
移動に要するシリンダの容積:ΔV			L	29.4	3.9	6.2	31.2		3.1	0.8	21.6	2.3	0
所要圧力:$P_1 = F_1 / A_1 * 10$			MPa			16.1	19.3	6.4	6.4	15.1	6	6	0
ポンプ所要流量:Q			L/min	441	118	187	93	0	19	10	324	70	0
自重キャンセル圧力:$P_2 = F_2 / A_3 * 10$			MPa			6	6	6					
自重キャンセル流量:$Q_4 = A_3 * V * 60 * 10^{-4}$			L/min			10	5	0	1				
降圧時圧抜き流量:$Q_5 = (V * \Delta P / K) / t$			L/min					420					

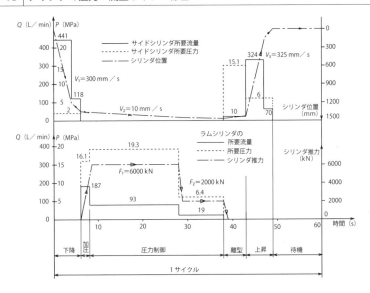

図 3-13 シリンダの圧力−流量サイクル線図

> **要点 / ノート**
>
> 油圧システムの構築に最も重要なのが油圧ポンプの選定です。油圧ポンプの選定に当たっては、最初にアクチュエータの圧力-流量サイクル線図を作成し、機械の仕様に合った油圧制御システムを検討することが大切です。

2 油圧ポンプの選定

ポンプ制御方式の検討

　比較検討の例として、次の4通りを示します。
①3台の定容量ポンプによる方法
②可変ポンプと定容量ポンプの2台を合流させる方法
③2台の可変ポンプを合流させる方法
④定容量ポンプの回転速度制御による方法
　①から③は誘導電動機1台でポンプを駆動する案とし、④はサーボモータで駆動する案です。
　ポンプの選定によって、平均消費動力、使用電動機の容量、発熱量など油圧システムの特性がどのようになるのか検討しますが、4つの案の検討結果を**表3-2**に示します。
　ここで、発熱に対して油温を一定にするにはオイルクーラに作動油を循環させる方法が効果的です。③案はこの循環させる流量の確保が困難なこと、また、④案はモータが複数台になることから、②案が最適と判断します。
　なお、各方式の油圧システムの特性を検討する具体的な項目を**表3-3**に示します。これは②案のものですが、他の案も同じ要領です。
　①案では、各工程でリリーフ流量が少なくなるように3台のポンプを選択し、工程ごとにポンプの吐出流量、軸入力をそれぞれ数値化します。このポンプ特性から、油圧システムの消費動力、また発熱量を算出します。
　②案から④案も同じ要領で数値化します。
　なお、④案のサーボモータの場合には、モータ容量はポンプの駆動トルクで選定しますが、ここでは他の方式との比較をするために同じように軸入力を併記しています。
　このように、油圧ポンプの選定に当たっては、油圧制御システムの特性として、機械の仕様に最も合致する方式を決めてから、具体的なポンプの容量選定に入ります。

第3章 油圧化の実際

表3-2 油圧システムの特性 検討結果一覧

	最大軸入力 (kW)	平均軸入力 (kW)	電動機	最大トルク (N・m)	サーボモータ	平均ポンプ吐出量 (L/min)	動力損失 (kW)
① 定容量ポンプ方式	79.5	42	55 kW*1台			462	16.7
② 可変ポンプ+定容量ポンプ方式	59.8	28	45 kW*1台			299	3.3
③ 可変ポンプ方式	56.8	27	45 kW*1台			99	2.8
④ サーボモータによる回転速度制御方式	55.9	25		188 635	30 kW*1台 25 kW*2台	99	1.8

表3-3 油圧ポンプ選定の検討 ②案(可変ポンプ+定容量ポンプ方式)

			1サイクル								
			高速下降	低速下降	加圧	圧力制御1	降圧制御	圧力制御2	離型	高速上昇	低速上昇	待機
作動時間: t	s		4	2	2	20	0.5	10	5	4	2	10.5
経過時間	s		4	6	8	28	28.5	38.5	43.5	47.5	49.5	60
1サイクル時間: T	s	60										
ポンプ所要流量: Q	L/min		441	118	187	93	0	19	10	324	70	0
ポンプ所要圧力: P	MPa		0	0	16.1	19.3	0	6.4	15.1	6	6	0
回路中の圧力損失: ΔP	MPa		2	2	2	2	0	2	2	2	2	0
ポンプ吐出圧力: P_t	MPa		2	2	16.1	19.3	0	6.4	15.1	8	6	0
P_1 可変ピストンポンプ流量: Q_1	L/min		210	118	187	93	0	19	10	102	70	0
P_2 ベーンポンプ流量: Q_2	L/min		231							222		
P_1 ポンプ軸入力: $W_1 = P \cdot Q_1 /(60\eta)$	kW		7.8	4.4	55.8	33.2	1	2.3	2.8	15.1	7.8	1
P_2 ポンプ軸入力: $W_2 = P \cdot Q_2 /(60\eta)$	kW		11.5	4	4	4	4	4	4	34.8	4	4
ポンプの合計軸入力 $W = W_1 + W_2$	kW		19.3	8.4	59.8	37.2	5	6.3	6.8	49.9	11.8	5
$t \cdot W^2$	s・kW²		1490	141	7152	27677	13	397	231	9960	278	263
$\Sigma (t \cdot W^2)$	s・kW²	47602										
2乗平均軸入力 $W = \{\Sigma (t \cdot W^2)/T\}^{0.5}$	kW	28										
誘導電動機の容量	kW	45	ただし、最高軸入力とモータの定格出力の比率は1.33									
P_1 ポンプの動力損失: $H_1 = W_1 (1-\eta)$	kW		0.8	0.4	5.6	3.3	0.1	0.2	0.3	1.5	0.8	0.1
P_2 ポンプの動力損失: $H_2 = W_2 (1-\eta)$	kW		3.8	1.3	1.3	1.3	1.3	1.3	1.3	5.2	1.3	1.3
リリーフ弁からの動力損失: $H_3 = P(Q-Q_1-Q_2)/60$	kW		0	0	0	0	0	0	0	0	0	0
合計動力損失 $H = H_1 + H_2 + H_3$	kW		4.6	1.7	6.9	4.6	1.4	1.5	1.6	6.7	2.1	1.4
$t \cdot H$	s・kW		18.4	3.4	13.8	92	0.7	15	8	26.8	4.2	14.7
$\Sigma (t \cdot H)$	s・kW	197										
1サイクルの平均動力損失 $W = \Sigma (t \cdot H)/T$	kW	3.3										
$t \cdot Q$	s・L/min		1764	236	374	1860	0	190	50	1296	140	0
$\Sigma (t \cdot Q)$	s・L/min	5910										
シリンダの平均所要流量 $Q = \Sigma (t \cdot Q)/T$	L/min	99										
$t \cdot (Q_1 + Q_2)$	s・L/min		1764	698	836	6480	116	2500	1205	1332	602	2425.5
$\Sigma (t \cdot (Q_1 + Q_2))$	s・L/min	17958										
1サイクルの平均ポンプ吐出流量 $Q = \Sigma (t \cdot (Q_1 + Q_2))/T$	L/min	299										

> **要点 ノート**
>
> いきなり最適なポンプ制御方式を決定するのは困難です。アクチュエータの圧力-流量サイクル線図を基に数種類のポンプシステムの特性を数値化し、比較することによって、最適なポンプ制御方式を決定します。

2 油圧ポンプの選定

ベーンポンプの選定

　ベーンポンプはベーンによって油を送り出す構造のポンプで、吐出圧力14〜21 MPaの中圧用です。
　ベーンポンプの特徴は、次の点にあります。
①吐出脈動が小さく、低騒音であること
②圧力平衡形でシャフト軸受部への負担がなく、長寿命であること
③コンパクトで大きな吐出量が得られること
　ベーンポンプは定容量形ポンプのため、リリーフ流量を少なくできるように多くの吐出容量のポンプがそろっており、ポンプを選定する際は、最適な容量のポンプを選ぶことが大切です。ただし、カートリッジの交換により容易に容量の変更は可能です。
　また、ベーンポンプはピストンポンプに比べて内部漏れ量が多いので、使用圧力での吐出量に注意します。表3-4にベーンポンプの特性例を示します。
　その他、ベーンポンプは2連ポンプと3連ポンプがあります。表3-5に2連ポンプの例を示します。*印はリン酸エステル系作動油を使用する場合で圧力、回転速度に制限があり、▲印は水グリコール系作動油を使用する場合で回転速度に制限があることを示しています。
　また、多連ポンプになると軸トルクの制限があり注意を要します。表3-6に2連ポンプの軸トルクの制限を示しています。

表3-4　ベーンポンプの特性例

形式	回転速度 (min^{-1})	吐出量 (L/min)				軸入力 (kW)			
		0.7 MPa	7 MPa	14 MPa	17.5 MPa	0.7 MPa	7 MPa	14 MPa	7.5 MPa
SQP(S) 2-19	1000	59.2	56.1	53.1	50.1	1.5	8.7	16.3	20.5
	1200	71.0	67.9	64.9	61.9	1.7	10.2	19.4	24.5
	1500	88.7	85.6	82.6	79.6	1.9	12.5	24.6	30.4
	1800	106.5	103.6	100.6	97.6	2.2	15.0	28.8	36.4
SQP(S) 2-21	1000	65.0	62.1	58.9	56.9	1.6	9.4	17.9	22.2
	1200	78.0	74.9	71.9	69.9	1.8	11.2	21.4	26.5
	1500	97.5	94.6	91.4	89.4	2.1	13.7	26.6	32.9
	1800	117.0	113.9	110.9	108.9	2.3	16.3	31.7	39.4

表 3-5 　2 連ベーンポンプの特性例

形式	1 連目（軸側）ポンプ			2 連目（カバー側）ポンプ			最高回転速度（min⁻¹）	最低回転速度（min⁻¹）
	容量記号	1000 min⁻¹ 0.7 MPaでの吐出量（L/min）	最高使用圧力（MPa）	容量記号	1000 min⁻¹ 0.7 MPaでの吐出量（L/min）	最高使用圧力（MPa）		
SQP(S)21	10	32.5	17.5 *(14)	2	7.5	14 *(14)	1800 ▲(1200) *(1200)	600
	12	38.3		3	10.2			
	14	43.3		4	12.8			
	15	46.7						
	17	52.5		5	16.7			
	19	59.2						
	21	65.0						
SQP(S)31	17	53.3	17.5 *(14)	6	19.2	17.5 *(14)		
	21	66.7		7	22.9			
	25	79.2						
	30	95.0		8	26.2			
	32	100.0						
	35	109.0		9	28.3			
	38	118.0						
SQP(S)41	30	96.0	17.5 *(14)	11	35.0			
	35	109.0		12	37.9	16 *(14)		
	38	128.0						
	42	134.0		14	44.2	14 *(14)		
	50	156.0						
	60	189.0						
SQP(S)32	17	53.3	17.5 *(14)	10	32.5	17.5 *(14)	1800 ▲(1200) *(1200)	600
	21	66.7		12	38.3			
	25	79.2		14	43.3			
	30	95.0						
	32	100.0		15	46.7			
	35	109.0						
	38	118.0						
SQP(S)42	30	96.0	17.5 *(14)	17	52.5			
	35	109.0		19	59.2			
	38	128.0						
	42	134.0		21	65.0			
	50	156.0						
	60	189.0						
SQP(S)43	30	96.0	17.5 *(14)	17	53.3	17.5 *(14)	1800 ▲(1200) *(1200)	600
	35	109.0		21	66.7			
	38	128.0		25	79.2			
	42	134.0		30	95.0			
	50	156.0		32	100.0			
	60	189.0		35	109.0			
				38	118.0			

表 3-6 　2 連ポンプの軸トルク制限

形式	軸トルク制限値（N・m）
SOP(S)21	360
SOP(S)31	610
SOP(S)32	610
SOP(S)41	820
SOP(S)42	820
SOP(S)43	820

> **要点 ノート**
> ベーンポンプは定容量形のため大き過ぎないで最適な容量のポンプを選定するのがポイントです。スペースを小さくするためには 2 連、3 連ポンプは非常に有効ですが、軸トルクの制限があり、必ず確認が必要です。

2 油圧ポンプの選定

ピストンポンプの選定

　主要なピストンポンプは斜軸式と斜板式の2種類です。
　斜軸式はトルク伝達の効率が高いのが特徴ですが、斜板式は斜軸式と比較して、傾転角制御の応答性が良く、一般に軸受寿命が長いということで、市場の大半で使われています。
　ここでは、産業機械で一般に使われている斜板式ピストンポンプの選び方について示します。
　ピストンポンプは高圧仕様で、吐出流量を可変にできることが特徴ですが、その制御方式にはいろいろな種類があります。これを図3-14にポンプ制御方式として示しています。
　ピストンポンプの選定に当たっては、最適なポンプ制御方式を選ぶことが大切です。
　ポンプ制御の代表的なものは、圧力補償制御、ロードセンシング制御、トルクリミット制御、電気ダイレクト制御などになります。
　一般には、工作機械などのクランプを主体とするものは圧力補償制御を、負荷に見合った圧力-流量をポンプが供給する省エネルギーシステムにはロードセンシング制御です。その他、プレス機械などで加圧力を増大していっても、小型の電動機がオーバーロードしないように、負荷圧の増大とともに吐出流量を自動的に減少させるには、トルクリミット制御がよく使われます。
　また、電気的な信号でポンプの吐出圧と吐出流量を制御するには、電気ダイレクト制御が適しています。これはポンプに圧力センサと傾転角センサを搭載したもので、専用のコントローラを用いて制御するものです。
　ピストンポンプも石油系作動油以外では最高圧力、最高回転速度が異なるのでメーカーに確認が必要です。
　ここでは、電気ダイレクト制御ポンプとし、電気信号により圧力および流量の制御を行うポンプ制御方式とします。ただし、降圧制御での大流量の圧抜きは別のリリーフ弁で行うこととします。

第3章 油圧化の実際

図 3-14 ポンプ制御方式

ポンプ制御方式 名称	記号	特性線図	説明	油圧図記号(詳細記号)
圧力補償制御	CH	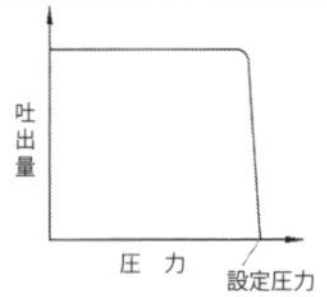 吐出量 / 圧力・設定圧力	●ポンプ吐出圧力があらかじめセットされた設定圧力に近づくと、ポンプ吐出量は、その圧力を維持するのに必要な最少量になるように、自動的に減少します。 ●設定圧力は手動で調整できます。	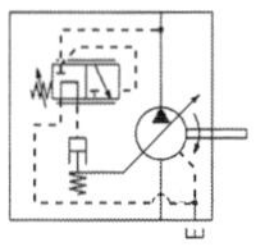
遠隔圧力補償制御	CGH	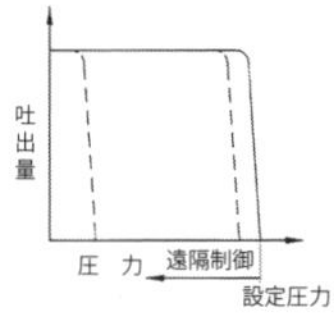 吐出量 / 圧力・遠隔制御設定圧力	●圧力補償制御の設定圧力を、外部に設けたリモートコントロール弁によって、遠隔制御ができます。 ●圧力補償形の安全弁が付いています。設定圧力は手動で調整できます。	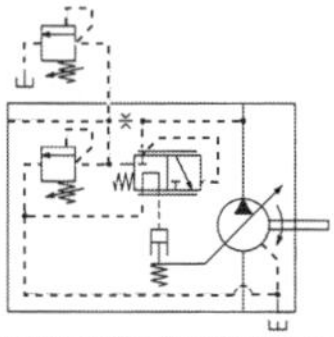
ロードセンシング制御	CVH	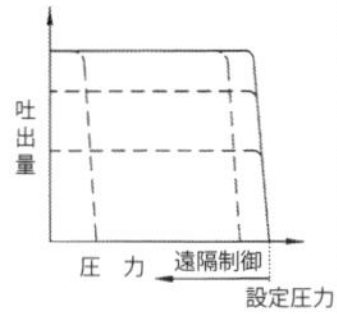 吐出量 / 圧力・遠隔制御設定圧力	●ポンプ下流側の流量制御弁の前後差圧が一定値となるように、ポンプの吐出量が自動的に制御されます。負荷(アクチュエータ)を駆動するための必要最少限の流量と圧力を供給する省エネルギータイプのポンプコントロールです。 ●圧力補償形の安全弁が付いています。設定圧力は手動で調整できます。 ●外部に設けたリモートコントロール弁によって遠隔圧力補償制御ができます。	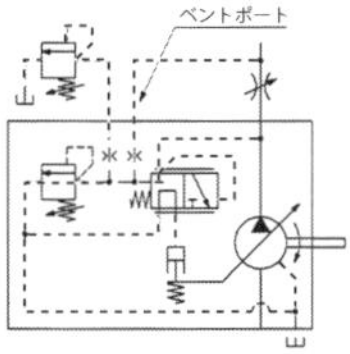 ベントポート ベントポートは泊圧回路に必ず接続してください。
トルクリミット制御(低トルク/高トルク)	TL/TH	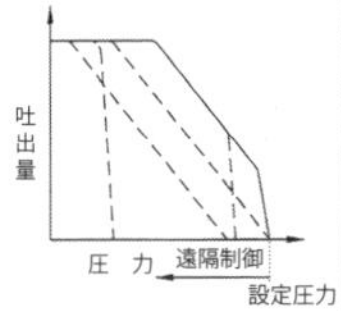 吐出量 / 圧力・遠隔制御設定圧力	●ポンプを駆動する電動機の負荷容量に合わせて、吐出量が自動的に制御されます。圧力補償形の安全弁が付いています。設定圧力は手動で調整できます。 ●外部に設けたリモートコントロール弁によって遠隔圧力補償制御ができます。	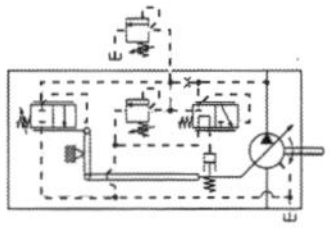
電気ダイレクト制御	EDHS	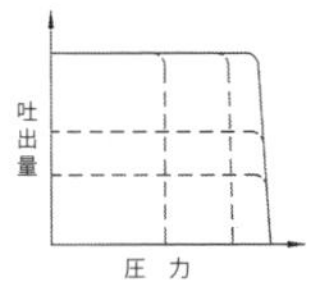 吐出量 / 圧力	●流量制御モード時は、流量制御信号によってポンプ吐出量が制御され、ポンプ吐出圧力が圧力設定信号に近づくと自動的に圧力制御モードに切り換わります。 ●専用コントローラが必要です。 ●圧力補償形の安全弁が付いています。設定圧力は手動で調整できます。	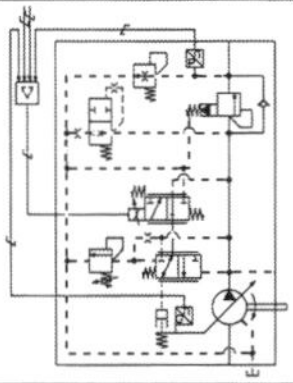
最大押しのけ容積調整機能	D	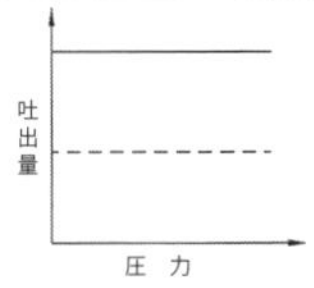 吐出量 / 圧力	●ポンプに設けられた調整ねじによって最大押しのけ容積を調整できます。	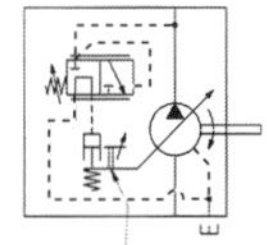 押しのけ容積調整図記号

要点 ノート

ピストンポンプの選定においては、応答性の優れた斜板式ピストンポンプが一般的です。またピストンポンプには各種の圧力-流量の制御方式があり、そのシステムに見合った最適な制御方式を選定することが大切です。

【2】油圧ポンプの選定

油圧回路作成

　ポンプの選定が行われた段階で、一度、油圧回路の作成を行います。この段階では、まだ全体の回路設計が完了していませんが、油圧制御システムの柱となるポンプ構成とアクチュエータの関係を油圧回路図で表します。

　これは図3-13のシリンダの圧力-流量サイクル線図が示す仕様を具体的に油圧化する作業の第一歩です。この油圧回路図を表すことによって、油圧装置の概要が見えてきます。

　この早い段階で、油圧制御システムの全体を表すことは、制御方法の是非をチェックするのに役立ちます。

　図3-15に、ポンプ選定を終了した段階で作成した油圧回路の例を示します。
　表3-1から表3-3までに検討した圧力、流量の具体的な数値を記載した油圧回路は、油圧装置の仕様を理解しやすくします。

　油圧回路の内容は、概略次のとおりです。

　各油圧機器に付けたアルファベットは識別符号です。また、管路中の矢印の隣の数値は流量（L/min）の大きさを示しています。

　P_1は電気ダイレクト制御の可変ポンプで、斜板角センサと圧力センサを搭載したものでゼロから最大値までの圧力と流量をリニアに制御する機能を有しています。

　P_2はベーンポンプです。P_1ポンプの不足流量を補うためと、作動油を冷却するために冷却器に油を循環させるものです。

　R_3は可動盤の自重をキャンセルさせる圧力制御弁でバランサバルブと呼んでいるものです。リリーフ機能を持った減圧弁で、常に2次側の圧力を一定に保持させるバルブです。

　R_1は降圧時のプレス圧力を制御する電磁比例式リリーフ弁です。6000 kNから2000 kNへシリンダ推力を下げる場合は、ラムシリンダ内の作動油を420 L/minほどの流量で逃がす必要があります。これはP_1ポンプではできず、リリーフ弁で賄うものです。

　C_1はラムシリンダです。プレス力を出力するシリンダです。しかし、高速下降では5607 L/minの油を必要とし、高速上昇では6074 L/minの油を戻す必

要があります。この流量はポンプでは賄えないので、代わりにこの機能を満たすように、V_3のプレフィル弁を設け、油タンクとの行き来でこれを賄います。

このプレフィル弁は、パイロット圧力を印加しないときは、大気圧力を利用して、タンク内の油をシリンダ側に吸い込ませます。またパイロット圧力を印加し、バルブを全開とすることによってシリンダ内の油をタンクへ排出します。

C_2、C_3はサイドシリンダで、可動盤の上昇、下降動作を行うものです。なお、サイドシリンダのロッド側のV_4チェック弁は、降圧制御および圧抜き時にバキュームが発生するのを防止するもので、スプリングのないタイプとします。

図 3-15 ポンプ選定終了時の油圧回路作成

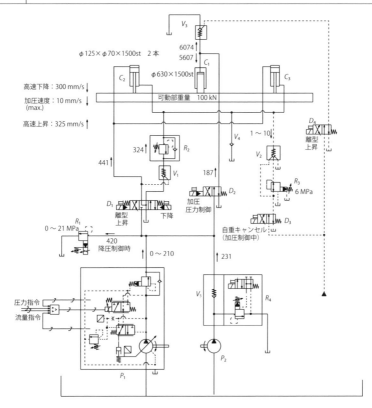

要点 ノート

油圧化にはポンプ選定を決めた段階で、一度、油圧回路を作成することが役立ちます。油圧制御の柱になるポンプとアクチュエータの関係を回路図に表すことによって、初期の段階で制御システムの是非が確認しやすいためです。

【3】 その他機器の選定

電動機の選定

　ポンプを決定したら、次は電動機の選定を行います。

　電動機は軽負荷にて使用すると効率が低くなります（75～100％負荷が最良効率）。また、短時間であれば過負荷に耐えられる（かご形の場合停動トルクは175％以上）ため、2乗平均法により電動機を選定することが一般的です。**表3-7**に汎用モータの始動特性を参考に示します。

　2乗平均法による平均動力の求め方は、次のとおりです。

$$平均動力 \quad L_E = \sqrt{\frac{(t_1 L_1^2 + t_2 L_2^2 + - - - - - + t_N L_N^2)}{T}} \quad (\text{kW}) \quad (3\text{-}10)$$

　ここに、T：1サイクルの所要時間（s）
　　　　　t_N：1サイクル中の各行程の所要時間（s）
　　　　　L_N：1サイクル中の各行程の所要動力（kW）

　電動機定格出力を L（kW）とすると、$L \geq L_E$ を満足する大きさの電動機を選定します。また1サイクル中の最高所要動力を $L_{N(\max)}$ とすると、

$$一般的には \frac{L_{N(\max)}}{L} \leq 1.3 とします。$$

　表3-3の②案では、2乗平均法による平均動力は28 kWで、最高所要動力は加圧行程での59.8 kWです。これより、電動機は45 kW4P両軸モータと決定します。

　なお、この場合最高所要動力は電動機の定格出力の1.33倍となります。

　最近はポンプの回転速度をACサーボモータを用いて制御し、省エネルギー化を図るケースが増えておりますが、このサーボモータの容量選定は誘導電動機の場合と異なるので、以下に概要を示します。

　誘導電動機では常時回転させて使用しますが、ACサーボモータの場合には頻繁にモータを起動・停止させます。したがって、ACサーボモータの容量は回転するのに必要なトルク値から決定し、以下の条件を満たすようにしています。

　各工程の所要トルクは、ACサーボモータの最大トルク値を下回ることとし、また2乗平均法による平均トルクは、ACサーボモータの定格トルクの約

80～90％を超えないようにするのが一般的です。

なお、サーボモータの所要トルクおよび応答時間の求め方は次のとおりです。

$$所要トルク \quad T = \frac{P \cdot D_{th}}{2\pi \cdot \eta_m} \qquad (3\text{-}11)$$

ここに、T：ACサーボモータの所要トルク（N・m）
　　　　P：油圧ポンプの吐出圧力（MPa）
　　　　D_{th}：油圧ポンプの押しのけ容積（cm^3）
　　　　η_m：油圧ポンプのトルク効率

$$応答時間 \quad t = \frac{(I_m + I_c + I_p)\ \omega}{T_P} \quad (s) \qquad (3\text{-}12)$$

$$角速度 \quad \omega = \frac{2\pi \cdot n}{60} \quad (rad/s) \qquad (3\text{-}13)$$

ここに、t：ACサーボモータの応答時間（s）
　　　　I_m：ACサーボモータの慣性モーメント（kg-m^2）
　　　　I_c：カップリングの慣性モーメント（kg-m^2）
　　　　I_p：油圧ポンプの慣性モーメント（kg-m^2）
　　　　n：ACサーボモータの回転速度（min^{-1}）
　　　　T_p：ACサーボモータの瞬時最大トルク（N・m）

表 3-7 誘導電動機の始動特性

出力 (kW)	極数	電源	全負荷回転速度：N_m (min^{-1})	直入の場合 電流 (A) 全負荷	直入の場合 電流 (A) 始動	定格トルク：T_N (N・m)	トルク特性 定格トルクとの比率 始動：T_{st}(%)	トルク特性 定格トルクとの比率 停動：T_{max}(%)	Y-Δの場合 電流 (A) 全負荷	Y-Δの場合 電流 (A) 始動	定格トルク：T_N (N・m)	トルク特性 定格トルクとの比率 始動：T_{st}(%)	トルク特性 定格トルクとの比率 停動：T_{max}(%)	回転子の慣性モーメント：J_M (kg-m^2)
5.5	4	200 V 60 Hz	1730	21	130	30.4	188	273	21	43.3	30.4	63	91	0.03
7.5			1730	28.2	192	41.4	210	275	28.2	64	41.4	70	92	0.0385
11			1730	40.6	254	60.7	203	242	40.6	84.7	60.7	68	81	0.0593
15			1730	54.6	370	82.8	227	264	54.6	123.3	82.8	76	88	0.079
18.5			1750	68	400	100.9	170	257	68	133.3	100.9	57	86	0.11
22			1750	80	500	120	175	261	80	166.7	120	58	87	0.133
30			1745	108	680	164.2	180	268	108	226.7	164.2	60	89	0.165
37			1750	134	870	201.9	170	276	134	290	201.9	57	92	0.253
45			1750	160	1040	245.5	175	267	160	346.7	245.5	58	89	0.293
55			1755	196	1250	299.3	180	267	196	416.7	299.3	60	89	0.483

要点 ノート

電動機の容量は、2乗平均法による平均動力の大きさから決定するのがエネルギー効率が良く、一般的です。回転速度制御の AC サーボモータは頻繁に起動・停止を行うために、サーボモータの容量はトルク値から選ぶ必要があります。

3 その他機器の選定

オイルクーラの選定

　油圧システムを安心して運転するには、作動油の粘度を決められた範囲に抑える必要があり、石油系作動油（VG46）の場合には34〜71℃程度の温度に該当します（表1-5参照）。しかし、動力損失が大きいと油タンクからの放熱だけではコントロールできず油温が上昇し過ぎてしまいます。

　これを防止するためにはオイルクーラが必要となり、クーラ容量を決めるために、油圧システムの動力損失を求めます。

　油圧装置における動力損失の様子は図1-6と図2-2に示しました。大きくは油圧ポンプの動力損失、制御弁および配管の圧力損失による動力損失になります。

　このプレス機械の場合の具体的な動力損失は次のとおりです。

❶ P_1、P_2、P_3 ポンプの動力損失

　ポンプの動力損失には、内部漏れによる流体損失と回転運動による機械的損失があります。これはポンプの容量、回転数、使用圧力によって異なるので、使用条件に合わせて動力損失を求める必要があります。

　実用的には、使用条件におけるポンプ軸入力とポンプの流体出力との差を動力損失とし、この全てが熱エネルギーに変換されると見なします。

　ポンプの動力損失は、$H = W(1 - \eta_t)$（kW）としています。

　ここに、W：ポンプ軸入力

　　　　　η_t：ポンプ全効率

❷ リリーフ弁の動力損失

　リリーフ弁からタンクへ逃げる流体は全て動力損失となり、流れの圧力差と流量の積に比例し、リリーフ弁の動力損失は $H = \dfrac{\Delta P \times Q}{60}$（kW）です。

　このプレス機械では、リリーフ弁の動力損失は次のものが該当します。

・降圧制御時のR_1リリーフ弁からタンクへの流れ
・下降時のR_2カウンタバランス弁で絞られる流れ
・自重キャンセル時のR_3バランサ弁からリリーフする流れ

　プレス機の動力損失の計算結果を**表3-8**に示します。

なお、オイルクーラの容量を選定するには、1サイクルの平均動力損失とクーラに流す作動油の平均流量の2つが必要になります。

表3-8では、1サイクルの平均動力損失8.8 kWと、アンロード回路のベーンポンプからクーラに流れる平均流量200 L/minを求めています。

オイルクーラで冷却するポイントは、クーラへ流す作動油の確保です。瞬時の過大流量はクーラの破損原因になり、少ない場合は冷却が期待できなくなります。ここでは、クーラへの油はP_2ポンプのアンロード時の戻り油を循環させます。

表3-8 発熱量の検討

				1サイクル									
				高速下降	低速下降	加圧	圧力制御1	降圧制御	圧力制御2	離型	高速上昇	低速上昇	待機
作動時間：t		s		4	2	2	20	0.5	10	5	4	2	10.5
経過時間		s		4	6	8	28	28.5	38.5	43.5	47.5	50	60
1サイクル時間：T		s	60										
ポンプ所要流量：Q		L/min		441	118	187	93	0	19	10	324	70	0
ポンプ所要圧力：P		MPa		0	0	16.1	19.3	0	6.4	15.1	6	6	0
回路中の圧力損失：ΔP		MPa		2	2	0	0	0	0	0	2	0	0
ポンプ吐出圧力：P		MPa		2	2	16.1	19.3	0	6.4	15.1	8	6	0
P_1 可変ピストンポンプ流量：Q_1		L/min		210	118	187	93	0	19	10	102	70	0
P_2 ベーンポンプ流量：Q_2		L/min		231							222		
P_3 パイロットポンプ流量：Q_3		L/min		常時フルカットオフ状態									
P_1 ポンプ軸入力：$W_1 = P \cdot Q_1 / (60\eta)$		kW		11.7	6.6	55.8	33.2	0	2.3	2.8	15.1	7.8	1
P_2 ポンプ軸入力：$W_2 = P \cdot Q_2 / (60\eta)$		kW		11.5	4	4	4	0	4	4	34.8	4	4
P_3 パイロットポンプ軸入力：W_3		kW		1.5	1.5	1.5	1.5	1.5	1.5	1.5	1.5	1.5	1.5
P_1 ポンプ動力損失：$H_1 = W_1(1-\eta)$		kW		4.7	2.6	5.6	3.3	0.5	0.7	0.8	1.5	0.8	0.5
P_2 ポンプ動力損失：$H_2 = W_2(1-\eta)$		kW		3.8	1.3	1.3	1.3	0	1.3	1.3	5.2	1.3	1.3
P_3 ポンプ動力損失：$H_3 = W_3(1-\eta)$		kW		1	1	1	1	1	1	1	1	1	1
R_1 リリーフ弁からのリリーフ流量：Q_4		L/min						0	420	0			
R_2 カンバラ弁からのリリーフ流量：Q_5		L/min		298	80								
R_3 バランサ弁からのリリーフ流量：Q_6		L/min					10	5	0	1			
R_1 リリーフ弁の動力損失：H_4		kW						0	90	0			
R_2 カンバラ弁の動力損失：H_5		kW		39.7	10.7								
R_3 バランサ弁の動力損失：H_6		kW					1	0.5		0.1			
合計動力損失 $H = \Sigma(H_1 \sim H_6)$		kW		49.2	15.6	8.9	6.1	92.8	3.1	3.1	7.7	3.1	2.8
$t \cdot H$		s·kW		197	31.2	17.8	122	46.4	31	15.5	30.8	6.2	29.4
$\Sigma(t \cdot H)$		s·kW	527.1										
1サイクルの平均動力損失 $H_m = \Sigma(t \cdot H) / T$		kW	8.8										
ポンプアンロード流量		L/min		0	231	231	231	231	231	0	231	231	
$t \cdot Q$		s·L/min		0	462	462	4620	116	2310	1155	0	462	2426
$\Sigma(t \cdot Q)$		s·L/min	12013										
1サイクルの平均アンロード流量 $Q_m = \Sigma(t \cdot Q) / T$		L/min	200										

> **要点 ノート**
> クーラの選定には、油圧システムの1サイクルの平均動力損失とクーラへ通過する平均流量を考慮します。瞬時の過大流量はクーラ破損の原因になりやすく、少ない平均流量では冷却効果が得られません。

3 その他機器の選定

フィルタの選定

　油圧システムを安心して運転するには、作動油の粘度管理とともに清浄度の管理も必要です。清浄化については第2章でまとめてあります。

　ここでは運転中に発生するコンタミからトラブルを未然に防ぐフィルタの選定について具体的に示します。

　清浄度管理の基本は最も汚染に弱い機器の保護を優先する考え方です。また、一般に推奨される清浄度レベルおよびろ過性能は次のとおりです。

ベーンポンプ	19/17/14	$\beta_{12} = 200$
可変ピストンポンプ	17/15/13	$\beta_6 = 200$
比例圧力制御弁	18/16/13	$\beta_{12} = 200$
圧力制御弁	19/17/14	$\beta_{12} = 200$
電磁弁	20/18/15	$\beta_{25} = 200$
プレフィル弁	20/18/15	$\beta_{25} = 200$
油圧シリンダ	20/18/15	$\beta_{25} = 200$

　プレス機の使用条件では、上記のように可変ピストンポンプが一番清浄度の要求が厳しいため、フィルタの選定に当たってはこの可変ピストンポンプの清浄度を目標にします。

　また、フィルタの設置場所については図2-38および表2-13に概要を示しましたが、その他にフィルタの設置場所を決める際に、考慮すべきは次の点です。

・コンタミの侵入経路を予測し、シリンダのロッドからが多い場合には戻りラインに設けるのが効果的です。
・流量の変動が大きな場所は避け、逆流が起こる場所は絶対に設置しないことです。

　このプレス機の場合には、多くの戻りラインがありますが、それぞれの流れは次のとおりで、フィルタの設置場所としては適していません。

・V_3 プレフィル弁の戻りラインは、両方向に大流量が流れます。
・C_2、C_3 のサイドシリンダの上昇・下降の戻りラインは、平均流量は61 L/minですが、0～477 L/minと変動幅の大きい断続流となります。

第3章 油圧化の実際

- R_1 リリーフ弁の戻りラインは、降圧制御および圧抜き時の瞬時しか流れがありません。

このため、このプレス機ではフィルタの設置場所はベーンポンプのアンロード時のタンク戻りラインとし、ベータ値6 μmの低圧フィルタを用います。

これまでの選定結果を回路図に表し、これを図3-16に示します。

油の流れはフィルタ→クーラ→タンクで、それはクーラの銅材が作動油の酸化劣化の触媒として作用するため清浄な油をクーラに通すためです。

また、フィルタ設置に戻りラインが使用できない場合には、オフラインフィルタにするか高圧ラインのバイパスフィルタにするのが一般的です。

図3-16 油圧回路（電動機、クーラ、フィルタの選定時）

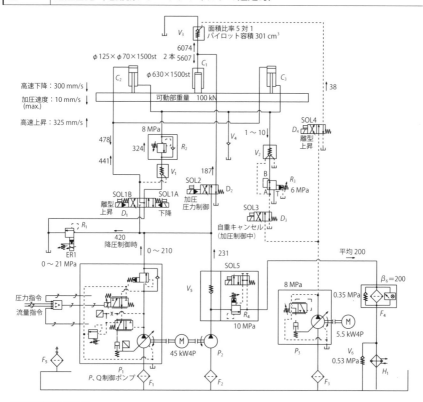

要点 ノート

フィルタは最も汚染に弱い油圧機器の保護を目的に行い、フィルタ効果を高めるために、設置場所は一定流量の油が流れる場所が望ましく、断続した流量変動が大きいところや逆流の生じるところは避ける必要があります。

3 その他機器の選定

圧力制御弁の選定と設定①

　圧力制御弁は図1-26に示すように多くの機能のバルブがありますが、バルブの選定においては図3-17に示すように、バルブの最高圧力と最大流量の仕様が使用条件を満たしていることは必須です。その他、使用条件によって圧力オーバライド特性や最低圧特性などが必要になります。

　R_4リリーフ弁の流量-圧力特性の例を図3-18に、最低調整圧力の特性例を図3-19に示します。これらは一般にメーカーのカタログにあります。

　例えば、このプレス機の低速下降時、ベーンポンプはアンロード状態であり、可変ポンプの吐出流量で速度をコントロールします。しかし、P_1ポンプの吐出圧力よりもP_2ポンプのアンロード圧力の方が高いとベーンポンプの吐出油がシリンダに流れて低速がコントロールできません。

　図3-16の回路で、この不具合をなくす検討結果を以下に示します。

$$可動部重量による自重発生圧力 \quad P = \frac{F_2}{A_3} \times 10 = \frac{100}{166} \times 10 = 6 \text{（MPa）}$$

カウンタバランス弁R_2の設定圧力X（MPa）とP_1ポンプ吐出圧力Yとの関係は$Y = (X - P)\dfrac{A_3}{A_2} = (X - 6)\dfrac{166}{245} = 0.68(X - 6)$（MPa）になります。

　一方、P_2ポンプのアンロード吐出圧力Zは図3-19より、次のとおりです。

R_4リリーフ弁がローベントの場合　　$Z = 0.42$ MPa
R_4リリーフ弁がハイベントの場合　　$Z = 1.52$ MPa

　フィルタ、クーラが目詰まりを起こしたときを想定すると、フィルタのバイパスチェック弁の抵抗0.35 MPa、それとクーラのバイパスチェック弁の抵抗0.53 MPaが加算され、それぞれ次のとおりです。

R_4リリーフ弁がローベントの場合　　$Z = 0.42 + 0.35 + 0.53 = 1.3$ MPa
R_4リリーフ弁がハイベントの場合　　$Z = 1.52 + 0.35 + 0.53 = 2.4$ MPa

　ここで、$Y > Z$が必要条件ですから、これを満たすカウンタバランス弁の設定圧力Xの大きさは、次のようになります。

R_4リリーフ弁がローベントの場合　　$X \geq \dfrac{Z}{0.68} + 6 = 7.91$ MPa

R_4 リリーフ弁がハイベントの場合　$X \geq \dfrac{Z}{0.68} + 6 = 9.53$ MPa

ハイベント形はオンロードの立ち上がりが速いのですが、ここでは省エネルギー重視でローベント形リリーフ弁とし、R_2 カウンタバランス弁の設定圧力を 8 MPa とすることに決定します。

図 3-17 | 圧力制御弁の選定

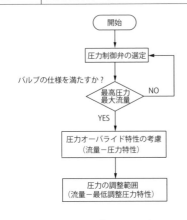

図 3-18 | リリーフ弁の流量-圧力特性

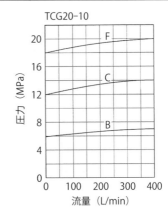

図 3-19 | リリーフ弁最低調整圧力特性

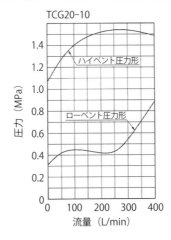

要点 ノート

圧力制御弁の選定は最高圧力と最大流量がバルブの仕様を満たすことが基本です。その他には圧力オーバライド特性と最低調整圧力特性を確認することが大切です。

3 その他機器の選定

圧力制御弁の選定②

　図3-16の油圧回路図の自重キャンセル動作ではR_3にバランサ弁と呼ばれる減圧弁とカウンタバランス（リリーフ）弁の機能を一体にした複合弁を使用しています。

　バランサ弁は荷重の大きいテーブルなどを上下にスムーズに動かすための補助回路などに用いられます。このバランサ機能は、上昇時、下降時ともにシリンダの圧力を一定にするもので、油圧制御の特徴的なものの1つです。

　図3-20にバランサ弁の内部構造と特性を示します。

　バランサ弁の作動は次のとおりです。

　上昇時、メインスプールは同図の左方向に移動し、2次側の圧力を一定に制御します。本図のメインスプールの位置は左側に移動し、圧力制御している状態を示しています。下降時は外力によって2次側の圧力が上昇するため、メインスプールはもっと左方向に移動してリリーフ弁モードに切り換わります。

　バランサ弁の代わりとなる代表的な例を以下に示します。

①可変ポンプとチェック弁およびリリーフ弁の標準弁で構成する例（**図3-21**）。

　上昇時は可変ポンプ単独の制御で、下降時はリリーフ弁単独の制御です。この方法は、上昇時に可変ポンプと圧力制御弁との干渉がないため、共振現象の心配がありません。反面、上昇時と下降時の制御圧力の差が少し大きくなるのが欠点と言えます。

②減圧弁とリリーフ弁を併用する例

　この2つの異なるバルブを使用すると、圧力の調整個所が2カ所になります。この場合、減圧モードのときにリリーフ弁からの前漏れがないように調整することは、漏れ流量を計測できない限り非常に困難です。

　この弱点をなくすために、バランサ回路では減圧弁とリリーフ弁とのベントポートをつなぎます。そしてリリーフ弁のハンドルを締め切ることによって、圧力調整は減圧弁の1カ所で行うことができます。

　この方法のメリットは、バルブのサイズを上げることによって大流量まで対応できることです。

図 3-20 バランサ弁の構造と流量-圧力特性

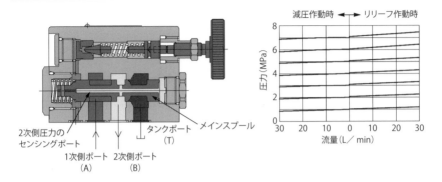

図 3-21 バランサ回路例

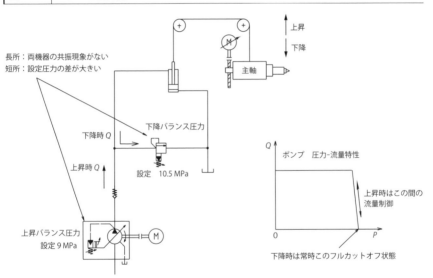

要点ノート

バランサ回路には専用のバランサ弁を使用する方法、可変ポンプとリリーフ弁を使用する方法および減圧弁とリリーフ弁を併用する方法の3つがあります。

3 その他機器の選定

方向制御弁の選定①
チェック弁、パイロットチェック弁

　方向制御弁の内、チェック弁、パイロットチェック弁の選定の基本を図3-22に示します。パイロットチェック弁の構造を図1-42に、この所要パイロット圧力の大きさを図3-23に示しています。

　具体的な選定方法について、プレス機の図3-16を例に説明します。

❶クラッキング圧力

　クラッキング圧力は何種類もありますが、圧力損失を減らし、消費動力を最小にするため、基本的にはメーカー標準で最小のクラッキング圧のものを選定します。

　クラッキング圧力を高くする目的は閉弁応答を速めるためと、もう1つは簡易な圧力制御の機能を持たせるためで、実用的にはこの圧力は1 MPa以下です。

　図3-16のV_1、V_2、V_5は標準の最も低いクラッキング圧を選定します。

　V_4はバキューム防止の吸い込み用チェック弁ですから、スプリングなしにして、ポペットが垂直の向きとなるようにバルブを取り付けます。

　V_6はクーラのバイパス流れのためのチェック弁です。クーラの目詰まりで背圧が上昇し、クラッキング圧を越えたら、戻り油を油タンクへ逃がしますが、クラッキング圧は一般に0.5 MPa前後としています。

　このV_6はクラッキング圧力に圧力制御する応用例です。

　V_3はプレフィル弁であり、タンクの油を吸い込ませる専用のバルブですから、クラッキング圧を選択することはありません。

❷外部ドレン形にするかどうか？

　両方向流れのあるV_1、V_2、V_3のバルブが検討の対象になります。

　V_1の逆流時は、図3-23の説明図のA、Bポートに該当する圧力がほぼ0に対し、パイロット圧力は$P_\mathrm{p} = (8-6)\dfrac{A_3}{A_2} = (8-6)\dfrac{166}{245} = 1.36$（MPa）を常に維持させており、$V_1$は内部ドレン形で十分です。

　V_3のプレフィル弁は、Aポートを必ずタンクへ接続するため、外部ドレン形は必要ありませんし、そもそも外部ドレン形は存在しません。

V_2の逆流時はA、Bポートが6 MPaで、図3-24の計算式から内部ドレン形の所要パイロット圧力は約6 MPa以上で、外部ドレン形のそれは約1.5 MPa以上です。

一方、パイロットラインは減圧弁機能を有するR_3の入り口から供給し、P_3ポンプの設定圧力8 MPaを保持させています。したがって、仕様条件の下では内部ドレン形のパイロットチェック弁で問題はありませんが、余裕代を広げる意味で外部ドレン形にしています。

❸デコンプレッション形パイロットチェック弁

デコンプレッション形パイロットチェック弁は、基本的には小ピストンで2次側の残圧を抜き、2次側が低圧になったらメインピストンを開くように調整し使用するものです。

一般に圧抜き時のショック防止にデコンプレッション形を用います。

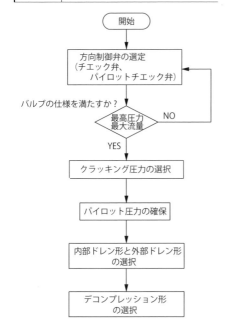

図 3-22 | 方向制御弁の選定

図 3-23 | パイロット圧力の大きさ

B→A 流しの所要パイロット圧力：P_X

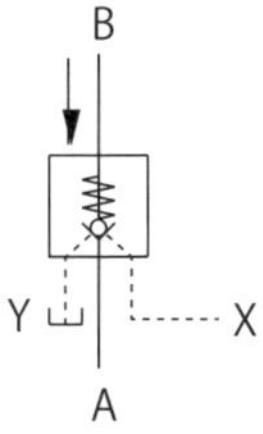

内部ドレン形の場合
$P_X > 0.39 (P_B + P_C) + 0.61 P_A$

外部ドレン形の場合
$P_X > 0.39 (P_B + P_C) - 0.14 P_A$

ここに、P_A：A 側の圧力
　　　　P_B：B 側の圧力
　　　　P_C：クラッキング圧力

> **要点｜ノート**
> 方向制御弁の選定においては、クラッキング圧力の選定、パイロット圧力の大きさの把握が重要です。回路的には外部ドレン形の選定とショック防止のためのデコンプレッションの検討が重要です。

【3】その他機器の選定

方向制御弁の選定②
電磁弁

電磁弁を選定するときに注意を要する主な点を図3-24に示します。

図3-16のプレス機の場合で、具体的にこれを説明します。

❶直動形の電磁弁を片パス流しで使用する場合の最大流量について

D_4電磁弁はAポートを閉ポートとし、P→Bの片パス流れで使用します。CETOP3サイズの最大流量は80 L/min程度ですが、片パス流れのときは流体力（図1-40）の影響を大きく受け、最大流量は制限されます。

流体力は使用圧力、スプール形状により異なり、制限流量も変わるため、この最大流量はメーカーのカタログなどで確認する必要があります。

ただし、本機の場合、D_4が切り換わる直前ではP_3ポンプはフルカットオフ状態であり、吐出流量がゼロです。ポンプの応答よりも電磁弁の切り換えの方が速いため、片パスの影響は小さく、問題ありません。

❷スプールの環状隙間による内部漏れについて

電磁弁は一般的にCETOP3サイズで80、CETOP7で150、CETOP8で200 cm^3/min程度の内部漏れ（図1-41）があります。負荷が軽いとアクチュエータが動き出すおそれがあり、予期しない動作の検討が必要です。

図 3-24 | 電磁弁の選定

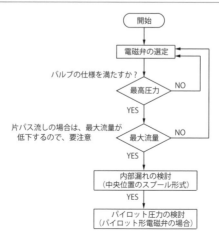

図3-16では内部漏れした油がシリンダに影響を与えない油圧回路としています。D_2のTポートをタンクに接続するのはそのためです。

❸パイロット形電磁弁のパイロット圧力について

油圧回路の図記号は、非通電状態（または休止状態）を表しているため、過渡的な動きを予測するのは難しいと言えます。

過渡的な動作時の不具合を未然に防ぐには、**図3-25**のような油圧回路の動作シーケンス図を作成し、全ての工程の油圧回路の切り換わる状態を検討するのが効果的です。

パイロット形のバルブは切り換わった後にどうなるか？を考えます。

図 3-25 油圧回路の動作シーケンス図

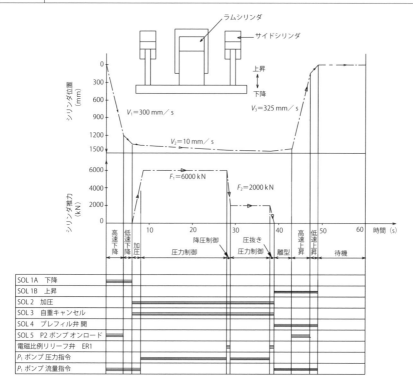

要点 ノート

電磁弁の選定に当たっては、流体力、内部漏れ、パイロット圧力の影響を検討する必要があります。また、過渡的な動作を予測するには動作シーケンス図を作成し、各工程の切り換わるタイミングの油圧回路の状態をチェックするのが効果的です。

3 その他機器の選定

カートリッジ弁の選定①
動作原理と特徴

　カートリッジ弁はマニホールド化による油漏れ防止の例として図2-51に示しました。このカートリッジ弁は、方向、圧力、流量の機能を持った複数のインサートを組み合わせることによって、油圧システムの機能を得るもので、次の特徴があります。
・高圧35 MPa、大流量NG100定格流量8000 L/minまである
・ポペット弁構造で応答性に優れる
・切り換えタイミングの調整でショックレスが容易
・複合機能を持たせることで回路が簡素化され、小形になる

　このカートリッジ弁の構造（**図3-26**）と動作原理を次に示します。構造はカバーとスリーブ、スプールおよびスプリングからなります。

　ポートAおよびポートBの圧力は、それぞれスプールに作用して弁を開く方向に働きます。ポートAの圧力P_Aが作用する面積は、弁シート径の円形面積A_Aであり、ポートBの圧力P_Bが作用する面積は、弁シート径とスプール径間の同心環状面積A_Bです。

　制御カバーから導入されるパイロット圧力P_{AP}は、スプール上部に作用して弁を閉じる方向に働きます。パイロット圧力P_{AP}が作用する面積は、スプール径の面積（$A_{AP} = A_A + A_B$）です。

　弁の開閉は、ポートAとポートBの圧力の大きさとスプリング力F_s、流体力F_fのバランスによって次のように決まります。

$$(P_{AP} \times A_{AP} + F_s) - (P_A \times A_A + P_B \times A_B + F_f) < 0 \qquad (3\text{-}14)$$
　　　　　弁閉止力　　　　　　　弁開放力

$$(P_{AP} \times A_{AP} + F_s) - (P_A \times A_A + P_B \times A_B + F_f) > 0 \qquad (3\text{-}15)$$

　式（3-14）はバルブが開き、式（3-15）はバルブが閉まるため、パイロット圧力P_{AP}を制御することによって、バルブを任意に開閉できます。

　カートリッジ弁は方向、流量、圧力の制御を行うために、各種のインサートがあります。**図3-27**に主なものとその特徴を示します。また、スプリングは、弱、中、強の3種類があります。

　カートリッジ弁カバーは、主にAPポートのパイロット流れを制御します。

第3章 油圧化の実際

　カートリッジ弁の取付け穴寸法は、JIS B8668で決められており、NG16からNG100までの8種類があります。

図 3-26 | カートリッジ弁の構造

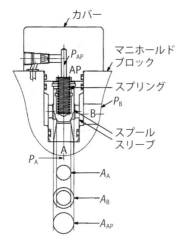

図 3-27 | 主なカートリッジ弁インサート

図記号	面積比	特長
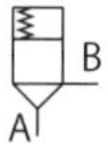	1 対 1	・リリーフ弁用 ・A→B 流し
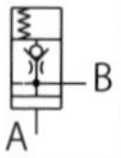		・減圧弁用 （スプールタイプ） ・B→A 流し
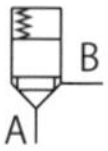	1 対 1.1	・圧力制御の場合は 　A→B 流しに限定 ・A→B のクラッキング小 　B→A のクラッキング大
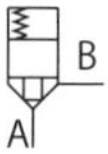	1 対 2	・方向制御用
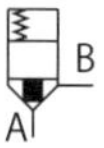		・流量制御用
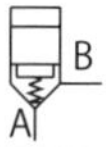	1 対 1.7	・ノーマルオープン形
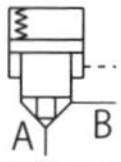	1 対 2	・アクティブ形 　圧力印加で開く

> **要点 ノート**
> カートリッジ弁はＡＰポートのパイロット圧力を制御することによって、方向、流量、圧力の制御を行うもので、各種インサートとカバーの組み合わせで構成します。高圧、大流量、高応答なのが特徴です。

3 その他機器の選定

カートリッジ弁の選定②
方向制御の基本回路および複合回路

　図3-28はスプールタイプの4ポート方向制御弁ですが、これをカートリッジ弁では図3-29に示すA、B、C、Dの4つのインサートを用います。しかし、左側の回路構成ではポンプがアンロード状態のとき、パイロット圧力がなく、シリンダは外力によって容易に動いてしまいます。

　このため、右側の回路構成のようにシリンダのキャップ側、ロッド側およびポンプ吐出ラインの3カ所の圧力をセンシングし、その最も高い圧力を全てのインサートに印加することで、確実にインサートを制御できるようにします。これが、カートリッジ弁による4方向制御弁の基本回路になります。

　次にカートリッジ弁の複合機能を説明します。図3-30の左側はスプールタイプの4ポート方向制御弁とガスケットマウントの制御弁を用いて、加圧時に差動回路を解除し、メータアウト制御で後退する回路例です。これをカートリッジ弁に置き換えたものが右側の回路です。インサートの数は図3-29と図3-30は同じです。

　インサートAは後退時の絞り機能を有しており、インサートCは差動回路を構成します。

　差動回路を構成するには、前進時にインサートCはA→Bポートに流れる必要があります。これが可能なように、図3-29にあるシャトル弁E_1を削除しています。こうすると、シリンダのロッド側圧力はポンプ吐出圧力よりも高いため、インサートCはA→B流れとなります。シャトル弁E_1があると、回路中の最も高い圧力をインサートCに印加するので、このスプールは閉じたままで差動回路が構成できません。

　インサートDには加圧時に差動回路を解除させるシーケンス機能を持たせ

図 3-28 | スプール弁による方向制御

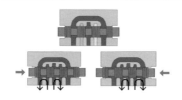

ています。
　このように、インサートの数は同じで、多くの機能を付加することをカートリッジ弁の複合機能と呼んでいます。カートリッジ弁が小形化を可能にするのは、この複合機能がその理由の1つです。

図 3-29 | カートリッジ弁による方向制御

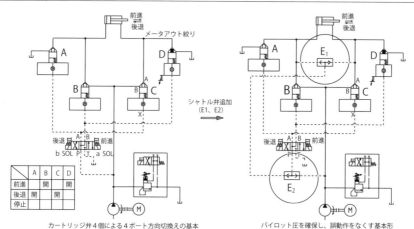

図 3-30 | カートリッジ弁の複合機能

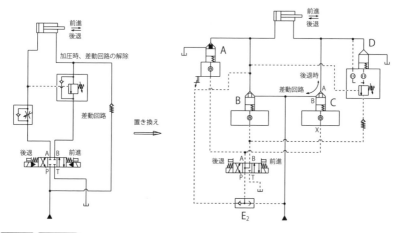

> **要点　ノート**
>
> カートリッジ弁は、自圧で開いてしまうので、確実な動作を得るために、シャトル弁を用いて、油圧回路の最高圧をインサートに印加します。また、複合機能を持たせることによって小形化を達成できるのも特徴です。

4 油圧回路設計のポイント

油圧化のまとめ

　最終的な油圧回路の例を図3-31に示します。なお、これには動作を明確にできるソレノイドの動作表を追記しています。
　油圧制御システムの特性は、アクチュエータとポンプの選定でほぼ決まりますが、この例では、次の要因から油圧回路を決定しています。
・油圧ポンプを最小化するために、加圧動作はラムシリンダとし、上昇、下降動作はサイドシリンダが行う方式とする。
・本機の仕様は加圧ストロークが長く、加圧時のシリンダを押す容積が大きくなります。このため、アキュムレータは容積が非常に大きくなり、広い設置場所を必要とするため対象外とする。
・降圧制御時の圧抜き流量が大きく、可変ポンプではこの圧抜き制御が困難であり、この圧抜き動作はリリーフ弁で行う方式とする。
・油圧の保守で重要となる油温とコンタミの管理を容易にできるようにする。定容量ポンプのアンロード回路によって作動油を循環する回路を構成することによって、冷却およびフィルトレーションを行う。
・省エネルギーを優先し、プレスのメインポンプは圧力、流量の指令信号によって、ポンプ自身が圧力・流量を制御する電気ダイレクト制御形の可変容量ポンプとする。

　また、油圧の制御回路の構成に当たり、一般に注意するのは次の点です。
①スタート時のショックレス
　一般にショック発生の原因は負荷の摩擦抵抗にあります。ノッチを付けてスタート時の切り換えを緩やかにし、メータイン制御にするのが効果的です。
②油圧機器の内部漏れによる不具合の防止
　機械の自動化にはシリンダの位置決めは必須です。スプールタイプの油圧機器の内部漏れは常にチェックすることを忘れないことです。
③パイロット圧力の不足による不具合の防止
　この予防策は、油圧回路の動作シーケンス図における各工程の切り換え過渡時の圧力変化について検討を加えることと言えます。
④タンクラインのキャビテーションによる不具合防止

リリーフ弁のタンクポートの直近をエルボで曲げると、ジャー音がするが、ベント配管にするとぴたりと音がやみます。パイロット形電磁弁でシリンダ側への流れは正常でも、タンク側の管路では同じ流速でシャー音がします。タンクラインを絞り、少し背圧を掛けるとぴたりと音がやみます。

　いずれもキャビテーションが原因です。タンクラインの流速はいくらか？を常に意識することは大いに予防につながります。

図 3-31　油圧回路図

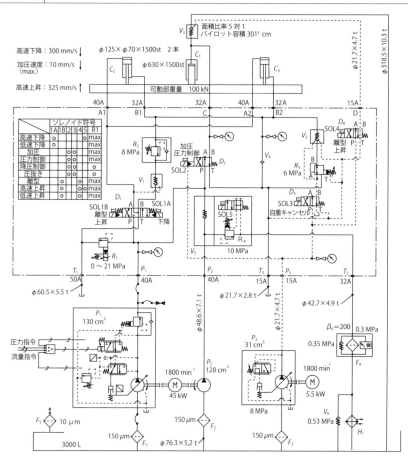

要点 ノート

油圧ポンプの選定が最も重要です。その他、制御回路を構成する際はスタート時のショックレスを図り、内部漏れ、パイロット圧力不足、タンクラインのキャビテーションによる不具合防止を図るのがポイントになります。

4 油圧回路設計のポイント

計算式一覧

1. アクチュエータの大きさと所要圧力、流量

名称	計算式
ロッド径	$d_1(\text{mm}) = \sqrt{\dfrac{4F \cdot S}{\pi \cdot \sigma}}$ 一般に $S = 10$
ロッド断面積	$A_1(\text{mm}^2) = \dfrac{\pi \cdot d_1^2}{4}$
ロッド側有効ピストン断面積	$A_2(\text{mm}^2) = \dfrac{F}{P}$
シリンダ内径	$D_1(\text{mm}) = \sqrt{\dfrac{4(A_1 + A_2)}{\pi}}$
ロッドの座屈荷重	$W_1(\text{N}) = \dfrac{n_1 \pi^2 E I}{l^2}$
ロッド横断面の最小慣性モーメント	$I(\text{cm}^4) = \dfrac{\pi d_1^4}{64} \cdot 10^{-4}$ n_1：ロッドの端末係数　$l(\text{cm})$：取り付け長さ
シリンダの所要圧力	$P(\text{MPa}) = \dfrac{F \cdot 10^{-2}}{A_3 \cdot \lambda_1}$ $A_3(\text{cm}^2)$：シリンダ面積　λ_1：シリンダ推力効率
シリンダの所要流量	$Q(\text{L/min}) = A_3 \cdot V_1 \cdot 10^{-1}$ $V_1(\text{m/min})$：シリンダ速度
油圧モータの押しのけ容積	$D_{\text{th}}(\text{cm}^3) = \dfrac{2\pi T}{P \eta_m}$
油圧モータの所要圧力	$P(\text{MPa}) = \dfrac{2\pi \cdot T}{D_{\text{th}} \cdot \eta_m}$
油圧モータの所要流量	$Q(\text{L/min}) = \dfrac{D_{\text{th}} \cdot n}{\eta_v} \cdot 10^{-3}$
油圧モータの出力	$W_2(\text{kW}) = \dfrac{2\pi \cdot T \cdot n}{6000}$

2. 油圧ポンプおよびその駆動源

名称	計算式
油圧ポンプの吐出流量	$Q(\text{L/min}) = \dfrac{D_{\text{th}} \cdot n \cdot \eta_v}{10^3}$
油圧ポンプの軸トルク	$T(\text{N·m}) = \dfrac{D_{\text{th}} \cdot P}{2\pi \cdot \eta_m}$
油圧ポンプの軸入力	$W_3(\text{kW}) = \dfrac{P \cdot Q}{60 \cdot \eta_t}$
電動機の平均動力	$L_E(\text{kW}) = \sqrt{\dfrac{(t_1 L_1^2 + t_2 L_2^2 + \cdots\cdots + t_N L_N^2)}{T_0}}$ $T_0(\text{s})$：1サイクルの所要時間 $t_N(\text{s})$：1サイクル中の各行程の所要時間 $L_N(\text{kW})$：1サイクル中の各行程の所要動力
ACサーボモータの所要トルク	$T(\text{N·m}) = \dfrac{P \cdot D_{\text{th}}}{2\pi \eta_m}$
ACサーボモータの応答時間	$t(\text{s}) = \dfrac{(Im + Ic + Ip)\omega}{T_1}$ $T_1(\text{N·m})$：サーボモータの瞬時最大出力トルク
ACサーボモータの角速度	$\omega(\text{rad/s}) = \dfrac{2\pi n}{60}$ Im, Ic, $Ip(\text{kg-m}^2)$：モータ、カップリング、ポンプの慣性モーメント

3. 動力損失

名称	計算式
油圧ポンプの動力損失	$W_4(\text{kW}) = \dfrac{P \cdot Q}{60 \eta_t}(1 - \eta_t)$
油圧モータの動力損失	$W_5(\text{kW}) = \dfrac{P \cdot Q}{60}(1 - \eta_t)$
シリンダの動力損失	$W_6(\text{kW}) = \dfrac{P \cdot Q}{60}(1 - \lambda_1)$
リリーフ弁、絞り弁などの制御弁の動力損失	$W_7(\text{kW}) = \dfrac{\Delta P \cdot Q}{60}$

4. 配管の肉厚および配管の圧力損失

名称	計算式
配管の肉厚	$t(\text{mm}) = \dfrac{P \cdot D_2 \cdot S}{2\sigma}$ 一般に $S = 4.5 \sim 8$　$D_2(\text{mm})$：配管の外径

名称	計算式
配管の圧力損失	$\Delta P_1 (\text{MPa}) = \dfrac{\lambda_2 \cdot V_2^2 \cdot \rho \cdot L_1}{2000 D_3}$ $L_1(\text{m})$：配管長さ　$D_3(\text{mm})$：配管の内径
配管内の流速	$V_2(\text{m/s}) = \dfrac{Q}{6A_4} \times 10^2$ 一般に吸込み配管 1.2 m/s、圧力配管 5 m/s 戻り配管 4 m/s 以下
配管の断面積	$A_4(\text{mm}^2) = \dfrac{\pi \cdot D_3^2}{4}$
レイノルズ数	$Re = \dfrac{V_2 \cdot D_3}{\nu} \times 10^3$
管摩擦係数	$\lambda_2 = \dfrac{64}{Re} \quad Re < 2300$ （層流）の場合 $\lambda_2 = 0.3164 \times Re^{-0.25} \quad 2300 < Re < 8000$ （乱流）の場合
エルボ、ティー継手の圧力損失	$\Delta P_2(\text{MPa}) = \dfrac{k \cdot \rho \cdot V_2^2}{2} \times 10^{-6}$ k：継手の損失係数（エルボ 1.2、ティー 1.5）

5. 基本的な流れ

名称	計算式
オリフィスの通過流量	$Q(\text{L/min}) = 60 C \cdot A_5 \sqrt{\dfrac{2\Delta P}{\rho}}$ C：流量係数 = 0.7
オリフィスの断面積	$A_5(\text{mm}^2) = \dfrac{\pi \cdot d_2^2}{4}$ $d_2(\text{mm})$：オリフィス径
環状隙間の流量	$Q(\text{cm}^3/\text{min}) = \dfrac{\pi \cdot d_3 \cdot \Delta P}{12 \nu \cdot \rho \cdot L_2} \times h^3 \times 60$ $d_3(\text{mm})$：スプール径、$L_2(\text{mm})$：環状隙間の長さ、 $h(\mu\text{m})$：スプールの半径隙間

6. 作動油の圧縮量

名称	計算式
作動油の圧縮量	$\Delta V(\text{L}) = \dfrac{\Delta P \cdot V}{K}$ $V(\text{L})$：加圧前の作動油の容積 $K(\text{MPa})$：石油系作動油の体積弾性係数 = 1.7×10^3

7. 作動油の温度上昇

名称	計算式
油タンクの放熱量	$H_1(\text{kJ/h}) = K_h A_6 (t_2 - t_1)$ $t_1(℃)$：周囲温度　$t_2(℃)$：作動油温度
油タンクの放熱による作動油の温度上昇	$\Delta t(℃) = \dfrac{H_2}{K_h A_6}\left(1 - e^{-\frac{t}{T_2}}\right)$ $H_2(\text{kJ/h})$：総発熱量　$t(\text{hr})$：経過時間
温度上昇の時定数	$T_2(\text{hr}) = \dfrac{C_T \cdot V_3 \cdot \rho}{K_h \cdot A_6}$ $A_6(\text{m}^2)$：油タンク表面積　$V_3(\text{m}^3)$：油タンクの作動油容量
クーラの交換熱量	$H_3(\text{kJ/h}) = H_2 - H_1 = K_c \cdot A_c \cdot \Delta T_M$ $= (T_3 - T_4) C_T W_T = (t_4 - t_3) C_S W_S$ $T_3(℃)$：油のクーラ入口温度　$T_4(℃)$：油のクーラ出口温度　$t_3(℃)$：水のクーラ入り口温度　$t_4(℃)$：水のクーラ出口温度
クーラを通過する油流量	$W_T(\text{kg/h}) = Q \cdot \rho \cdot 10^{-3} \times 60$
クーラを通過する水流量	$W_S(\text{kg/h}) = Q_S \cdot \rho_S \cdot 10^{-3} \times 60$ $Q_S(\text{L/min})$：水の流量，$\rho_s(\text{kg/m}^3)$：水の密度 = 1000
クーラの熱伝達面積	$A_c(\text{m}^2) = \dfrac{H_3}{\eta \cdot K_c \cdot \Delta t_M}$ η：平均温度差補正係数 = 0.95 なお，クーラの汚れ係数として20%程度の余裕をみること。
平均温度差	$\Delta t_M(℃) = \dfrac{(T_3 - t_4) + (T_4 - t_3)}{2}$

ここに，$F(\text{N})$：シリンダ推力，S：安全率，$\sigma(\text{N/mm}^2)$：引張強さ，$E(\text{N/cm}^2)$：ロッドの縦弾性係数，$P(\text{MPa})$：圧力，$\Delta P(\text{MPa})$：差圧，$Q(\text{L/min})$：流量，$T(\text{N·m})$：トルク，$n(\text{min}^{-1})$：回転速度，η_m：トルク効率，η_v：容積効率，η_t：全効率
$D_{th}(\text{cm}^3)$：油圧ポンプまたは油圧モータの押しのけ容積
$\rho(\text{kg/m}^3)$：作動油の密度（石油系　870），$\nu(\text{mm}^2/\text{s})$：作動油の動粘度（VG46　46）
$K_h(\text{kJ/(h·m}^2\text{·℃)})$：油タンクの熱伝達係数，一般に $K_h = 28 \sim 30$
$K_c(\text{kJ/(h·m}^2\text{·℃)})$：クーラの熱伝達係数，一般に $K_c = 1000 \sim 2000$
$C_T(\text{kJ/kg·℃})$：作動油の比熱 = 1.88，$C_S(\text{kJ/kg·℃})$：水の比熱 = 4.18

要点 ノート

油圧化に当たって、アクチュエータ、油圧ポンプ、モータ、クーラなどを選定する際に必要となる基本計算式を表にまとめています。使用に当たっては、単位に十分注意する必要があります。また、効率などの詳細な仕様は製造業者の特性が必要になります。

コラム

● 塗装ロボット ●

　以前、自動車のタイヤリムのプレスラインに使用する油圧装置の設計を担当したことがあります。

　トラック用のリムで、鋼板を円筒状に丸め、つなぎ目を溶接した後に、プレスで成型します。このリムに円盤状のディスクを圧入プレスで装着した後、最後に全体を塗装します。

　しかし、リムとディスクとの円形の境界部分がうまく塗装できず、この部分だけを別の塗装ガンで塗装することになりました。

　リムは、塗装ラインを一定間隔に並んだまま、一定速度で移動してきます。この塗装ロボットは、このリムを追っかけて、リムと塗装ガンの位置を同期させて、円形の境界部分だけを塗装したら、すぐに後退します。スタート信号が入ると、次のリムを追っかけ、10秒に1回、この動作を繰り返すものです。

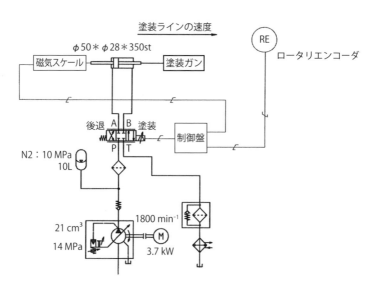

　塗装ロボットの概要は上図のとおりです。生産ライン設備であることから使い勝手の良いものを目指し、CPUを使用したデジタルサーボコントロールとしましたが、高精度な動きをひたすら繰り返す塗装ロボットの動作に満足した覚えがあります。

参考文献

1) 「実用油圧ポケットブック」2012年版　日本フルードパワー工業会
2) 「油空圧システムの環境改善に関する研究」機械振興協会　技術研究所
3) 工場電気設備防爆指針（ガス蒸気防爆　2006）独立行政法人　産業安全研究所
4) 「トコトンやさしい油圧の本」日刊工業新聞社
5) 「油圧・空気圧回路の書き方＆設計の基礎教本」オーム社
6) 「油圧基幹技術　伝承と活用」日本フルードパワーシステム学会

【索引】

数・英

2乗平均法	146
20号タンク	110
A-B-T接続	40
ACサーボモータ	74
Barlowの計算式	109
High-Low回路	52
HST	60
LS弁	70
Oリング	100
Oリング式継手	104
Oリングの耐圧性と適正隙間	98
PC弁	68
P-T接続（タンデム）	41
V.I値	22

あ

アキュムレータ	72
アクセサリ	10
圧力	24
圧力オーバライド特性	35
圧力スイッチ	36
圧力制御回路	50
圧力平衡形	140
圧力補償付き	38
圧力マッチ制御	64
圧力-流量サイクル線図	131
油の体積弾性係数	136
アブレッシブ摩耗	88
安全増防爆構造	114
安全弁	12
アンロード回路	50
アンロード弁	36
引火点	19
インサート	162
エアブリーザ	96
エアレーション	86
オイルシール	102
オーバセンタポンプ	60
オールポートオープン	40
オールポートブロック	40
押しのけ容積	32
汚染物質	15
オフライン	96
オフラインフィルタ	151
オリフィス	30
音速	84
温度補償付き	38

か

カートリッジ弁	160
カートリッジ弁の複合機能	163
回転運動	122
回転速度制御方式	74
外部ドレン形	156
回路効率	64
回路図	48
カウンタバランス弁	36
各種油圧機器の隙間	88
加減速時間	126
ガスケット	98
加速トルク	126
片パス流し	158
干渉形消音器	84

慣性モーメント	126、147
管路の圧力損失	29
危険物	19
気泡	86
基本回路	50
逆流	150
キャビテーション	60
ギヤポンプ	32
休止状態	46
共振現象	154
強制振動数	82
凝着摩耗	88
食い込み継手	104
空気伝播騒音	78
クエッテの流れ	30
クラッキング圧力	156
傾転角制御の応答性	142
ゲージ圧力	24
減圧弁	34
減圧モード	154
高圧ガス製造設備	112
高圧ガス保安法	112
工場電気設備防爆指針	114
鋼製チューブの肉厚	109
構造伝播騒音	78
ゴムホース	108
固有振動数	82
コンタミ	88
コンタミナント	15
コンタミの種類	88

さ

差圧リリーフ弁	64
サーマルショック	128
サーマルリリーフ	132
最高圧力	32
最高回転速度	32

最小制御流量	38
最低作動圧力	38
最低調整圧力の特性	152
サイドブランチ	84
座屈荷重	124
差動回路	51
作動油	16
酸価	23
シーケンス弁	36
シール	98
仕切り板	87
軸トルクの制限	140
指定数量	110
始動トルク	128
脂肪酸エステル	19
締め付けトルク	105
斜軸式	142
シャトル弁	162
斜板式	142
ジャンピング現象	39
潤滑性	16
省エネルギー回路	51
消費動力	138
消防法	19
ショットブラスト	92
シリンダ	44
シリンダクッション能力	125
シリンダの推力効率	66
振動伝達率	83
水分	23
図記号	46
スクリューイン形	107
スケール番号	91
スティックスリップ現象	125
ストレーナ	87
スプール形	40
スプールランド	43

スラッジ	18
スリップイン形	107
清浄度レベル	90
静的ばね定数	82
積層弁	106
石油系作動油	18
絶対粘度	20
全効率	32
騒音	76
騒音レベル	32、76
層流	28
総量規制	111
速度制御回路	50
ソレノイドの動作表	164

た

第4石油類	110
耐圧防爆構造	114
チャタリング現象	43
長寿命	140
チョーク	30
直線運動	122
直動形リリーフ弁	34
継手の圧力損失	29
テーパねじ継手	104
デコンプレッション形パイロットチェック弁	157
電気ダイレクト制御	70
電磁比例式リリーフ弁	144
同期回路	51
動作シーケンス図	159
動的ばね定数	82
動粘度	20
動力	26
動力損失	14
取り付けジグ	101
トルク	126

トルク効率	66
トルクリミット制御	142

な

内接形ギヤモータ	45
内部ドレン形	156
内部漏れ	42
難燃性作動油	18
粘性	17
粘度	17
粘度グレード	20
粘度指数	22

は

ハーゲン・ポアズイユの式	31
ハイベント	152
パイロット圧力	43、159
パイロット作動形リリーフ弁	35
爆発性ガス	115
爆発等級の分類	115
パスカルの原理	8
発火度の分類	115
パッキン	98
発熱量	138
バランサバルブ	144
バリ、かえりの除去	94
非圧縮性	16
ピストン	44
ピストンポンプ	33
ピストンモータ	45
非通電状態	46
フィードポンプ	60
フィルタ	96
フィルタ設置場所	96
フィルタの分類	96
フィルタのろ過性能	90
ブースト圧力	60

負荷サイクル線図	122
ブラダ形アキュムレータ	72
フラッシング弁	60
ブリードオフ制御	51
フルカットオフ状態	158
ブレーキ動作（ポンピング作用）	128
ブレーキ弁	36
プレフィル弁	145
分流弁	58
閉回路	51
平均ろ過比（ベータ値）	96
ベーンポンプ	33
ベーンモータ	45
ベルヌーイの定理	26
防音カバー	80
法規	120
防振ゴム	82
防爆電気機器	116
補正回路	58
ポペット形	40
ポペット弁構造	160
ポリトロープ指数	73
本質安全防爆構造	115
ポンプ制御方式	143
ポンプの圧力ー流量特性	68
ポンプの吸込み抵抗	86

ま

マニホールド	106
水ーグリコール	19
水張試験	111
密封回路	132
脈動	140
脈動周波数	84
メータアウト制御	51
メータイン制御	51
メータイン・ブリードオフ制御	68、134

面取り	100

や

油圧システムの設計手順	121
油圧システムの必要条件	121
油圧シリンダの使い方	123
油圧モータの使い方	127
有効トルク	128
油動力	26
ユニオン継手	105
溶解空気	86
容積形ポンプ	32
容積効率	32

ら

ラムシリンダ	136
乱流	28
流速	24
流体伝播騒音	78
流体力	42、158
流量	24
流量係数	31
流量調整弁	38
流量マッチ制御	64
リリーフ弁モード	154
リン酸エステル	19
レイノルズ数	28
連続の式	24
ロードセンシング制御	64
ローベント	152
ロッキング回路	51
ロッド	44
ロッドの端末係数	125

著者略歴

渋谷文昭（しぶや　ふみあき）

1950年5月9日埼玉県生まれ。1973年3月東京電機大学工学部精密機械工学科を卒業し、同年4月㈱東京計器に入社。以来、現在まで油圧システムの設計業務に携わる。

現在の油圧業界での活動
日本フルードパワーシステム学会フェロー、中央職業能力開発協会中央技能検定委員、日本フルードパワー工業会油圧システム分科会

著書
『実用油圧ポケットブック』共著、日本フルードパワー工業会
『フルードパワーの世界　追補版』共著、日本フルードパワー工業会
『油圧基幹技術 - 伝承と活用』共著、日本フルードパワーシステム学会　日本工業出版
『油圧・空気圧回路　書き方＆設計の基礎教本』共著、日本フルードパワー工業会編　オーム社
『トコトンやさしい油圧の本』日刊工業新聞社

NDC 534

わかる！使える！油圧入門
〈基礎知識〉〈段取り〉〈回路設計〉

2018年11月30日　初版1刷発行

定価はカバーに表示してあります。

ⓒ著者	渋谷　文昭	
発行者	井水　治博	
発行所	日刊工業新聞社	〒103-8548 東京都中央区日本橋小網町14番1号
	書籍編集部	電話 03-5644-7490
	販売・管理部	電話 03-5644-7410　FAX 03-5644-7500
	URL	http://pub.nikkan.co.jp/
	e-mail	info@media.nikkan.co.jp
	振替口座	00190-2-186076
製　作	㈱日刊工業出版プロダクション	
印刷・製本	新日本印刷㈱	

2018 Printed in Japan　落丁・乱丁本はお取り替えいたします。
ISBN 978-4-526-07902-3

本書の無断複写は、著作権法上の例外を除き、禁じられています。